▲交通管制室（首都高速道路）　写真提供：首都高速道路㈱

▼交通管制室（NEXCO）
　写真提供：東日本高速道路㈱

▲交通管制室（阪神高速道路）
　写真提供：阪神高速道路㈱

▼交通管制室（名古屋高速道路）
　写真提供：名古屋高速道路公社

▲交通状況表示部
　写真提供：首都高速道路㈱

▼交通管制中央装置
　写真提供：首都高速道路㈱

▲文字情報板　撮影協力：中日本高速道路㈱

▼文字情報板　写真提供：首都高速道路㈱

▼街路図形情報板
　写真提供：首都高速道路㈱

▼坑内フラッシング　写真提供：首都高速道路㈱

▼ビジュアル情報板
撮影協力：中日本高速道路㈱

▼可変式速度規制標識
撮影協力：中日本高速道路㈱

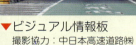

▼トンネル警報板　写真提供：首都高速道路㈱

▶図形情報板
写真提供：首都
高速道路㈱

▼駐車場案内システム　撮影協力：中日本高速道路㈱

▼情報ターミナル
　撮影協力：中日本高速道路㈱

▲ ETC　写真提供：首都高速道路㈱

▲ 車両感知器
写真提供：首都高速道路㈱

▲ 気象観測設備
撮影協力：中日本高速道路㈱

▼ ITS スポット
　写真提供：首都高速道路㈱

◀ CCTV
　写真提供：首都高速道路㈱

▶ バイク隊
　写真提供：首都高速道路㈱

▼ 非常電話
　写真提供：東日本高速道路㈱

▼ パトロールカー　写真提供：首都高速道路㈱

▲都市内高速道路ジャンクション　写真提供：首都高速道路㈱

▲都市間高速道路ジャンクション　写真提供：西日本高速道路㈱

▼走光型視線誘導システム　撮影協力：中日本高速道路㈱

▼急速充電器　写真提供：東日本高速道路㈱

▼非接触給電装置　写真提供：中日本高速道路㈱

新版

高速道路交通管制技術ハンドブック

高速道路交通管制技術ハンドブック編集委員会　編

電気書院

発刊の言葉

泉　隆

わが国では，モータリゼーションの到来とともに，1954年の第一次道路整備五カ年計画をはじめとして，国策としての道路整備が進んできた．高速自動車国道（高速道路）については，1956年に日本道路公団，1959年に首都高速道路公団が設立され，都市間高速道路および都市内高速道路の建設が始まった．都市間高速道路としては1963年に名神高速道路（栗東～尼崎間 71.1 km），都市内高速道路としては1962年に首都高速道路（京橋～芝浦間 4.5 km）が開通し，現在では，全国の高速道路総延長は約 8,000 km にも及んでいる．

一方で，自動車数の増加に伴い交通事故や渋滞が課題となり，その解決を図るものとして，1960年に道路交通法が施行されるとともに，その後全国の主要都市には道路交通管制システムが設置されるようになった．高速道路でも，高速道路建設・整備と並行して交通管制システムの構築・運用が行われてきた．高速道路の交通管制システムは，第0.1図のように，交通の安全と円滑，快適を主目的に，道路交通情報の収集系，処理系，そして提供系の各システムを核として構成されている．

このような中，1995年に高度情報通信社会推進の一環として旧五省庁が「道路・交通・車両分野における情報化実施指針」を策定し，9つの開発分野を示した．これが，わが国におけるITS（高度道路交通システム）の開発分野である．ITSの成果とされるカーナビゲーションシステム（以下，カーナビ）とカーナビに連携するVICS（道路交通情報通信システム），ETC（ノンストップ自動料金支払いシステム）は高速道路交通管制システムに密接に関連するシステムである．すなわち，道路交通情報をVICS経由でカーナビというパーソナルメディアを通して利用者に提供することができ，また高速道路の利用料金をノンストップで徴収することで料金所渋滞の解消や環境改善に貢献するものである．2011年からはETC2.0サービス（旧ITSスポットサービス）も登場し，ETC2.0車載器を通して，VICSよりも詳細な道路交通情報が提供されている．高速道路の交通管制システムは，これらのITSサブシステムとのさらなる連携が必要と考える．

上に述べた，わが国の交通管制システムおよび関連するITSサブシステムは世界のトップレベルにある．そして，本書の編著者は，これらの機器装置あるいはシステムの開発，構築，運用に携わった関係者により構成されている．本書は，これら関係者のノウハウ並びに先端技術を含めて，高速道路における交通管制システム技術を体系的にまとめたものである．

まず，第1章では高速道路の発展を踏まえた交通管制技術の「概要」を述べ，第2章では交通流を定量化して取り扱う「交通流理論」，第3章～第5章では交通管制システムの核となる「収集系」

「処理系」「提供系」の各システムに関する詳細を述べ，第6章でこれらのシステムや設備を結ぶ「通信ネットワーク」について述べている．さらに，第7章と第8章では「交通管制関連システム」として特色あるサブシステム，並びに交通管制システムに関連する「ITS」サブシステムを紹介している．そして，第9章及び第10章で「交通管制の運用・管理」，「トンネル防災システム」について述べ，第11章「交通管制技術の歴史」でまとめている．

　以上のように，本書は，交通管制システムの歴史的概観をはじめ，システムの機能概要および特徴，さらには展望等についても述べている．交通管制システムは，構築に多額の費用を要し長期にわたって供用する必要があることから，システムの効果的な構成や運用についても言及している．このように本書は，交通管制システムに関連する事項を網羅しており，電気系のみならず建設系・機械系をはじめ高速道路交通管制に関する設備やシステムの計画・開発・設計・運用に関わる技術者，そしてこの道を志す学生の勉学にも役立つものと期待している．なお，本書は，2005年に発刊した「高速道路交通管制技術ハンドブック」(電気書院)をベースに，システムの考え方と基盤技術を中心に，IP化を始めとした新技術を含めて改めてまとめたものである．

　本書の出版にあたり，貴重な資料やデータをご提供いただいた東日本高速道路(株)，中日本高速道路(株)，西日本高速道路(株)，首都高速道路(株)，阪神高速道路(株)，名古屋高速道路公社をはじめとする関係各位，編著者各位並びに編著者の所属機関各位，本書の編集と発行にご尽力頂いた(株)電気書院に心から感謝申し上げる．

平成29年3月　泉　　　隆

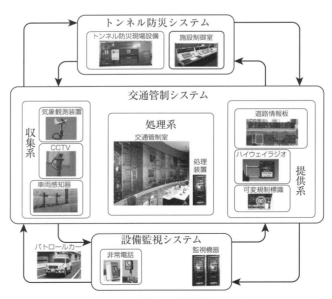

第0.1図　高速道路の交通管制システム

「高速道路交通管制技術ハンドブック　新版」
編集委員および協力者

委員長：泉　　隆（いずみ　たかし）工学博士
- 1978 年　日本大学理工学部電子工学科　助手
- 2003 年　同学部　電子情報工学科　教授
- 2013 年　同学部　応用情報工学科　教授
- この間，経路探索問題，旅行時間計測，交通画像処理など，交通システムへの情報科学応用，ITS 技術に関する研究に従事，電気学会 ITS 技術委員会，高速道路における高度交通管制システムに関する調査専門委員会委員長などを歴任
- 所属学会　電気学会，電子情報通信学会，情報処理学会，日本知能情報ファジィ学会他

編集責任者：草刈　利彦（くさかり　としひこ）
- 1984 年　首都高速道路公団入社
- 2007 年　首都高速道路株式会社　保全・交通部　システム技術グループ　総括マネージャー
- 2014 年　首都高 ETC メンテナンス株式会社出向　代表取締役社長
- 2016 年　首都高速道路株式会社　保全・交通部　施設担当部長
- この間，高速道路の交通管制システム，施設管制システム，トンネル防災システムおよび ETC システムに係る検討・調査設計などに従事
- 所属学会　電気学会

● **副編集責任者** ●

● **後藤　晴生（ごとう　はるお）**
- 1995 年　首都高速道路公団入社
- 2011 年　首都高速道路株式会社　保全・交通部　ITS 推進課　課長
- 2013 年　KDDI 株式会社出向　首都ネットワークセンター長
- 2016 年　首都高速道路株式会社　東京西局施設管制所　所長
- この間，首都高速道路の交通管制システムの検討・設計やトンネル防災システムの検討・設計および各種電気設備の維持管理における工事監督業務に従事

● **高橋　友彰（たかはし　ともあき）**
- 2004 年　電気技術開発株式会社入社
- 2009 年　財団法人道路新産業開発機構出向　研究員（〜 2011 年）
- 2012 年　電気技術開発株式会社　第二技術本部　設計技術部　主任技師
- 2013 年　日本大学理工学部応用情報工学科　助手
- この間，高速道路の交通管制システムやトンネル防災システム，ITS に関わる検討・調査設計・研究に従事
- 所属学会　電気学会，電子情報通信学会

● **委　　員** ● （以下 50 音順）

● **伊藤　功（いとう　こう）**
- 1975 年　松下電器産業株式会社入社
- 1979 年より道路交通分野のシステム企画・開発に従事
- 2004 年　松下電器産業株式会社退社
- 2005 年　有限会社イトーコー技術事務所設立　代表取締役
- 道路交通システム等のコンサルティングに従事
- 所属学会　電気学会，交通工学研究会，日本機械学会

- ●柿沼　隆（かきぬま　たかし）
  - 1989 年　　三菱電機株式会社入社
  - 2007 年　　同社　ITS 推進本部　ITS 技術第二課　課長
  - 2015 年　　同社　神戸製作所　社会システム第二部　計画課　副課長
  - この間，社内ネットワークシステムの構築，航空会社向けチェックインシステムの開発，ITS に関わる事業推進，高速道路の交通管制システムやトンネル防災システム，河川管理や農水管理に関わるエンジニアリング業務に従事
  - 所属学会　電気学会

- ●甲賀　一宏（こうが　かずひろ）
  - 1961 年　　首都高速道路公団入社
  - その後，約 30 年間首都高の交通管制システム設計・管理・監督業務に従事
  - 1998 年　　同公団　交通管制部　交通施設課　課長
  - 1999 年　　電気技術開発株式会社入社
  - 2004 年　　同社　第二技術本部　本部長
  - 2012 年　　電気技術開発株式会社退社　サンリツオートメイション株式会社　技術顧問
  - この間，高速道路の交通管制システム検討・調査設計・ITS に係る検討業務に従事
  - 所属学会　電気学会

- ●篠澤　宗一郎（しのざわ　そういちろう）
  - 技術士（電気電子）
  - 1996 年　　首都高速道路公団入社
  - 2016 年　　首都高速道路株式会社　保全・交通部　点検・補修推進室　点検推進課
  - この間，高速道路のトンネル防災システムや交通管制設備，トンネル照明設備に関わる調査設計・工事監督に従事
  - 日本技術士会所属

- ●鷲見　護（すみ　まもる）
  - 1994 年　　株式会社ドーシス入社
  - 2015 年　　AMEC コンサルタンツ株式会社に社名変更　システム事業部システム計画課　課長
  - 2016 年　　同社　システム事業部　システム技術課　課長
  - この間，高速道路の交通管制システム，トンネル防災システムなどの検討・設計業務に従事
  - 所属学会　電気学会

- ●高橋　聡（たかはし　さとし）博士（工学）
  - 2008 年　　名古屋電機工業株式会社入社
  - この間，交通管制システムの調査検討に関する業務に従事
  - 所属学会　電気学会

- ●田子　和利（たご　かずとし）
  - 1992 年　　名古屋電機工業株式会社入社
  - 2016 年　　同社　技術本部　企画部技術企画課　副参事
  - この間，道路情報板を始めとした情報提供システムの設計，企画，検討業務，調査研究に従事
  - 所属学会　電気学会

- ●山口　眞治（やまぐち　しんじ）
  - 1975 年　　富士通株式会社入社
  - 2003 年　　同社　パブリックセキュリティソリューション本部システム・コンストラクション事業部第三システム部　部長
  - 2012 年　　同社　セーフティソリューション事業本部　エキスパート
  - この間，社会システムの構築設計に携わり，防災システムや遠方監視制御システム，高速道路の交通管制システムおよび ITS に関わる検討・調査に従事
  - 所属学会　電気学会

- ●渡邊　泰男（わたなべ　やすお）
  - 1986 年　　株式会社東芝入社
  - 2011 年　　同社　道路システム技術部（現道路ソリューション技術部）課長
  - この間，高速道路の交通管制システム，施設制御システムのエンジニアリング業務に従事
  - 所属学会　電気学会

●協力者● （以下 50 音順）

- ●岩本　健（いわもと　たけし）
  - 住友電気工業株式会社
- ●金田　誠（かねだ　まこと）
  - 阪神高速技術株式会社
- ●佐藤　宏一（さとう　ひろかず）
  - コイト電工株式会社
- ●三橋　美洋（みつはし　よしひろ）
  - 名古屋高速道路公社
- ●桃澤　宗夫（ももざわ　むねお）
  - 元阪神高速道路株式会社

目　　次

発刊の言葉 ……………………………………………………………………………… iii
「高速道路交通管制技術ハンドブック　新版」編集委員および協力者 ……………… v

第1章　概　論

1.1　はじめに ………………………………………………………………………… 1
1.2　高速道路建設の経緯 …………………………………………………………… 1
1.3　高速道路の運用と提供情報 …………………………………………………… 4
　　1.3.1　運　用 …………………………………………………………………… 4
　　1.3.2　提供情報 ………………………………………………………………… 5
1.4　交通管制システムの概要 ……………………………………………………… 6

第2章　交通流理論

2.1　概　要 …………………………………………………………………………… 9
2.2　交通流パラメータ ……………………………………………………………… 9
　　2.2.1　交通量・交通密度・速度 ……………………………………………… 9
　　2.2.2　交通容量 ………………………………………………………………… 11
　　2.2.3　車頭間隔 ………………………………………………………………… 12
　　2.2.4　オキュパンシ …………………………………………………………… 13
　　2.2.5　所要時間・旅行時間 …………………………………………………… 14
2.3　交通流モデル …………………………………………………………………… 15
　　2.3.1　流体モデル ……………………………………………………………… 15
　　2.3.2　追従モデル ……………………………………………………………… 16
　　2.3.3　セルオートマトンモデル ……………………………………………… 17
2.4　交通流シミュレーション ……………………………………………………… 19
　　2.4.1　概　要 …………………………………………………………………… 19
　　2.4.2　交通流シミュレーションモデル ……………………………………… 20
　　2.4.3　交通流シミュレータの事例 …………………………………………… 23

第3章　収集系

3.1　概　要 …………………………………………………………………………… 29
3.2　車両感知器 ……………………………………………………………………… 31
　　3.2.1　ループ式車両感知器 …………………………………………………… 33
　　3.2.2　超音波式車両感知器 …………………………………………………… 35

3.2.3	光学式車両感知器（近赤外線式車両感知器）	37
3.2.4	画像センサ（イメージセンサ）	38

3.3 気象観測設備 ……………………………………………………………… 40
   3.3.1 気象観測計 …………………………………………………………… 40
   3.3.2 視程計 ………………………………………………………………… 44
   3.3.3 積雪計 ………………………………………………………………… 46
   3.3.4 路側設置式路面凍結検知センサ …………………………………… 48
   3.3.5 地震計 ………………………………………………………………… 49
3.4 CCTV設備 …………………………………………………………………… 51
3.5 まとめ ………………………………………………………………………… 53

第4章 処理系

4.1 概　要 ………………………………………………………………………… 55
4.2 交通管制システムにおける処理系の位置付け …………………………… 55
4.3 交通管制の特徴 ……………………………………………………………… 55
   4.3.1 都市間交通管制の特徴 ……………………………………………… 56
   4.3.2 都市内交通管制の特徴 ……………………………………………… 57
4.4 処理系の機能 ………………………………………………………………… 60
   4.4.1 処理系システムの処理内容 ………………………………………… 60
   4.4.2 災害時バックアップシステム ……………………………………… 64
   4.4.3 交通管制機能の比較 ………………………………………………… 65
4.5 まとめ ………………………………………………………………………… 66

第5章 提供系

5.1 概　要 ………………………………………………………………………… 67
5.2 道路情報板 …………………………………………………………………… 71
5.3 可変式速度規制標識 ………………………………………………………… 78
5.4 ハイウェイラジオ …………………………………………………………… 80
5.5 ハイウェイテレフォン ……………………………………………………… 82
5.6 情報ターミナル ……………………………………………………………… 83
5.7 まとめ ………………………………………………………………………… 85

第6章 通信ネットワーク

6.1 概　要 ………………………………………………………………………… 87
   6.1.1 交通管制システムにおける通信ネットワークの役割 …………… 87
   6.1.2 通信ネットワーク系設備 …………………………………………… 88
6.2 技術の変遷 …………………………………………………………………… 90
   6.2.1 従来伝送技術 ………………………………………………………… 90

6.2.2 IP伝送技術 …………………………………………………………………… 91
6.3 IPネットワークインフラ ……………………………………………………… 92
　　6.3.1 光IP装置 ………………………………………………………………… 92
　　6.3.2 IP変換装置 ……………………………………………………………… 93
6.4 まとめ …………………………………………………………………………… 94

第7章　交通管制関連システム

7.1 概　要 …………………………………………………………………………… 97
7.2 AVIシステム（車両番号読取装置） ………………………………………… 97
7.3 渋滞末尾表示システム ………………………………………………………… 99
　　7.3.1 首都高速道路での運用例 ……………………………………………… 99
　　7.3.2 名古屋高速道路での運用例 …………………………………………… 101
7.4 休憩施設混雑情報システム …………………………………………………… 101
　　7.4.1 駐車状況の計測方式 …………………………………………………… 101
　　7.4.2 駐車情報の提供 ………………………………………………………… 103
7.5 突発事象検出システム ………………………………………………………… 104
　　7.5.1 突発事象検出システム ………………………………………………… 104
　　7.5.2 トンネル内異常事象検出システム …………………………………… 105
7.6 非常電話システム ……………………………………………………………… 105

第8章　ITS

8.1 概　要 …………………………………………………………………………… 109
8.2 ITSとは ………………………………………………………………………… 109
8.3 ETC ……………………………………………………………………………… 109
　　8.3.1 概　要 …………………………………………………………………… 109
　　8.3.2 システム概要 …………………………………………………………… 111
　　8.3.3 ETCの応用 ……………………………………………………………… 113
8.4 ETC2.0 …………………………………………………………………………… 114
　　8.4.1 概　要 …………………………………………………………………… 114
　　8.4.2 システム概要 …………………………………………………………… 116
8.5 テレマティクス ………………………………………………………………… 119
　　8.5.1 テレマティクスの概要 ………………………………………………… 119
　　8.5.2 自動車会社のテレマティクス概要 …………………………………… 119
　　8.5.3 テレマティクスの動向 ………………………………………………… 120
8.6 まとめ …………………………………………………………………………… 121

第 9 章　交通管制の運用・管理

9.1　概　要 …………………………………………………………………………… 123
9.2　運用・管理の目的 ………………………………………………………………… 124
9.3　交通管制システムの運用 ………………………………………………………… 124
9.4　交通管制システムの管理 ………………………………………………………… 131
9.5　まとめ ……………………………………………………………………………… 133

第 10 章　トンネル防災システム

10.1　概　要 …………………………………………………………………………… 135
10.2　システム構成 …………………………………………………………………… 135
10.3　トンネル非常用施設の設置基準 ……………………………………………… 137
　10.3.1　非常用施設の機器設置間隔 ……………………………………………… 137
　10.3.2　非常用施設の種類 ………………………………………………………… 139
　10.3.3　都市内長大トンネルにおける非常用施設の種類 ……………………… 140
10.4　トンネル防災システムの運用 ………………………………………………… 141
　10.4.1　トンネル火災時の運用 …………………………………………………… 141
　10.4.2　都市内長大トンネルの防災安全対策 …………………………………… 143
10.5　まとめ …………………………………………………………………………… 145

第 11 章　交通管制技術の歴史

11.1　概　要 …………………………………………………………………………… 147
11.2　交通管制システムの歴史 ……………………………………………………… 147
　11.2.1　交通管制技術 ……………………………………………………………… 147
　11.2.2　情報収集技術 ……………………………………………………………… 149
　11.2.3　情報処理技術 ……………………………………………………………… 150
　11.2.4　情報提供技術 ……………………………………………………………… 151
11.3　ITS の歴史 ……………………………………………………………………… 152
11.4　交通管制システム・ITS 年表 ………………………………………………… 156

編集後記 ………………………………………………………………………………… 161

［コラム］

一般道路における交通流パラメータの考え方 ………………………………………… 15
交通信号制御（traffic signal control） ………………………………………………… 25
通信ネットワーク系設備における既存設備のデータ伝送方式とその事例 ………… 95
RFID を使った AVI システム …………………………………………………………… 108
情報提供設備の成り立ち ………………………………………………………………… 153

第1章 概論

1.1 はじめに

　高速道路では，車両の安全，円滑かつ快適な走行の確保に支障をきたす種々の事象が発生する．例えば交通事故の発生や工事による渋滞，積雪などはその代表的事象であり，これらを未然に防止し，発生した場合には交通への影響を極力抑えるよう種々の対応業務が行われる．そこで，24時間体制で，正確な情報収集やリアルタイムな情報提供に努め，これらの業務を円滑に遂行するための交通管制システムが構築されている．

　交通管制システムは，道路交通の安全と円滑，快適性を図るものである．交通事故，工事，渋滞，気象等に関する交通情報を道路利用者に提供することにより，安全走行上の注意を喚起し，さらに状況に応じた運転行動を促すことで，交通事故の抑制，交通渋滞の解消，到着時間遅れの軽減，排気ガスや騒音などによる交通公害の回避などを目的としている．具体的には，道路状況に関する情報を車両感知器（車両検知器とも呼ぶ）や気象観測設備，CCTV（Closed Circuit Television：監視用カメラ）等によって収集し，これをもとに処理された情報を道路情報板やハイウェイラジオ（路側放送とも呼ぶ），VICS（Vehicle Information and Communication System：道路交通情報通信システム）などの手段を用いて道路利用者に提供する．

　本章では，高速道路の生い立ちから現状の路線長と交通量，道路関係四公団民営化などの経緯を述べ，高速道路で発生する様々な事象がどのように情報提供されているかを説明し，交通管制システムの構成を概略的に記述する[1][2]．

1.2 高速道路建設の経緯

　日本における高速道路建設の計画は，1940年（昭和15年）内務省土木局の「全国自動車国道網計画」に始まる．戦時中は中断したが，1952年（昭和27年）に戦前の調査，計画を検討し，「東京〜神戸間」の測量調査を開始した．高速道路の建設に必要な財源は無く，「有料制度」による高速道路整備を目的とした法制度が整備された[3]．

（1）高速道路整備

　戦後しばらくして，経済復興に伴う急激なモータリゼーションの波は，否応なく高速道路の整備

を促すものであった．しかし，戦後の疲弊した経済状況では高速道路以外の社会基盤整備が優先され，自動車専用の高速道路整備は遅々として進まなかった．

昭和30年代に入り，政府の「所得倍増計画」論や「東京オリンピック1964開催決定」などの景気刺激政策により，高度経済成長を成し遂げ「もはや戦後は終わった」との経済白書が発表されるに至った．各家庭では大型の電気製品や，マイカーの保有が一般的となり自動車の保有台数も一気に増加した．

(2) 道路整備特別措置法の制定

道路整備に関する法律は，1919年（大正8年）に「旧道路法」が，さらに1952年（昭和27年）に「新道路法」が制定され，これを機に有料道路に関係する規定に修正が加えられた．旧道路法の全面改正と時を同じくして「旧道路整備特別措置法」が制定された．しかし，自動車専用道路の整備は円滑に進まず，自動車保有台数と道路面積のアンバランスから，都市部を中心に恒常的な交通集中による渋滞が発生するに至った．こうした交通渋滞等は自動車交通の有する便益性を著しく損なうことから，新たな道路整備のための法律制度が必要となった．このために，1956年（昭和31年）に旧道路整備特別措置法が廃止され，新たに現行の「道路整備特別措置法」が制定された．これを機に同年有料道路の統一的な建設，管理主体として日本道路公団が設立されるに至った．

限られた一般財源だけでは自動車専用道路の建設は不可能であり，この道路整備特別措置法によって，国または自治体が借入金を用いて完成させた道路から通行料金を徴収して，その返済に充てる有料道路制度が確立した．

(3) 道路整備五箇年計画

計画的な道路整備を進めるため，1954年（昭和29年）に「第一次道路整備五箇年計画」が閣議決定された．これにより，5ヶ年を単位とし，一般国道の道路整備計画が策定された．さらに，1957年（昭和32年）には「第二次道路整備五箇年計画」が閣議決定され，効率的な道路の整備を目的に一般国道，高速自動車国道，政令で定める都道府県道など道路整備計画が制定された．

道路整備五箇年計画は，「道路整備緊急措置法」に基づいて建設大臣（現国土交通大臣）が案を作成し，閣議決定後に施行されるものである．

(4) 公団・公社の発足

これら政令の制定後，都市間高速道路および都市内高速道路の執行事業体として公団，公社が発足した．設立した公団および公社は以下のとおりである．なお，括弧内は現在の名称である．

  1956年（昭和31年）日本道路公団設立（東日本高速道路㈱，中日本高速道路㈱，西日本高速道路㈱）
  1959年（昭和34年）首都高速道路公団設立（首都高速道路㈱）
  1962年（昭和37年）阪神高速道路公団設立（阪神高速道路㈱）
  1970年（昭和45年）本州四国連絡橋公団設立（本州四国連絡高速道路㈱）
  1970年（昭和45年）名古屋高速道路公社設立
  1971年（昭和46年）福岡北九州高速道路公社設立

1997年（平成9年）広島高速道路公社設立

これらにより，日本における本格的な高速道路の時代に入った．都市間高速道路の建設では名古屋と神戸を結ぶ名神高速道路が最も早く，1957年（昭和32年）に建設大臣の施行命令が出され，1958年（昭和33年）に，日本道路公団によって京都山科工区の建設に着手している．

1963年（昭和38年）に，日本で最初の高速道路である名神高速道路の尼崎～栗東間71.1 kmが開通した．第1.1図は開通当時の京都南インターチェンジ（以下，IC）である．

出典：名神高速道路建設誌　総論（日本道路公団）
第1.1図　京都南 IC

一方，都市内高速道路は，東京都を中心に一都三県を首都高速道路公団，大阪府を中心に二府一県を阪神高速道路公団，さらに名古屋市を核に名古屋高速道路公社，同じく福岡市と北九州市を核に福岡北九州高速道路公社，広島市を核に広島高速道路公社が担当し，今日に至っている．平成28年4月現在の高速道路の供用路線長と日交通量は第1.1表のとおりである．また，現在の道路管理区分は第1.2図のとおりである．

第1.1表　高速道路の供用路線長と日交通量[4]（平成28年4月現在）

道路会社・道路公社名		供用路線延長	日交通量
東日本高速道路㈱，中日本高速道路㈱，西日本高速道路㈱	高速道路	8243 km	511万台
	一般有料道路	1081 km	262万台
首都高速道路㈱		301.7 km	101万台
阪神高速道路㈱		259.1 km	78万台
本州四国連絡高速道路㈱		172.9 km	11万台
名古屋高速道路公社		81.2 km	34万台
福岡北九州高速道路公社	福岡	56.8 km	19万台
	北九州	49.5km	10万台
広島高速道路公社		25.0 km	7万台

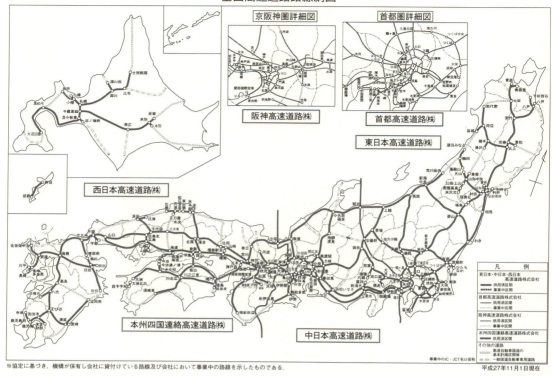

出典:日本高速道路保有・債務返済機構ホームページ
第1.2図　主要な高速道路の管理区分[5]

(5) 道路関係四公団民営化[6][7]

21世紀の日本にふさわしい新たな行政システムを構築するため，2000年（平成12年）に「行政改革大綱」が閣議決定された．続いて2001年（平成13年）に「特殊法人等整理合理化計画」が閣議決定され，日本道路公団，首都高速道路公団，阪神高速道路公団および本州四国連絡橋公団の道路関係四公団は民営化を前提とした新たな組織に移行すること，その採算性の確保について検討を行うことが決定した．

道路関係四公団に代わる民営化を前提とした新たな組織およびその採算性の確保についての調査審議は，第三者機関である「道路関係四公団民営化推進委員会」が行うことで2002年（平成14年）に設置され，調査審議結果の意見書が内閣総理大臣に提出された．その後，政府において委員会の意見を尊重した民営化関係法案が作成され，2004年（平成16年）に道路公団民営化法が成立し，道路関係四公団は2005年（平成17年）10月1日付けで民営化し，現在の名称となった．

1.3　高速道路の運用と提供情報

1.3.1　運用

高速道路は，通行する車両から通行料金を徴収し，その車両に対して高速走行を提供するものであるが，運用上の最大の課題は安全性，円滑性，快適性を確保することである．電車や航空機等の

公共交通は，運行時間が定められており，運行時間を避けて車両や線路の点検が可能であるが，高速道路は 24 時間 365 日連続で運用しているため，運用を行いながら以下のような業務が行われている．

・道路の決壊や亀裂の発生などの道路構造上の点検および補修
・道路および道路周辺に設置されている標識や各種機器の点検および修理
・道路上の落下物や危険物の発見，雨や雪等の気象の影響による路面状況や工事状況，交通混雑による渋滞等の道路交通状況の把握
・落下物等の除去作業や故障車両の移動等業務支援
・交通事故の発生による事故処理（警察と連携）
・車両火災の発生による処理（消防と連携）
・非常電話による通報の応答処理（状況把握，アドバイス，関係機関への連絡）
・把握された道路交通状況を各種提供設備や（公財）日本道路交通情報センター等への情報提供
・道路清掃や道路周辺の整備および騒音や大気汚染等の沿道環境対策
・OD 交通量調査，各種施設の利用度調査とそれらの効果や評価の調査
・交通量の増大に伴う，道路拡幅や改良，休憩施設の設置および改良
・各種設備の老朽化による更新

高速道路では，車両が安心して走行できるように，道路構造の点検や落下物の発見，気象の影響による路面状態の把握を道路パトロールにより行い，工事，渋滞等の道路状況の把握を CCTV の映像と併用して行っている．さらに，雨，風，雪，濃霧，地震等の気象状況を気象観測設備にて観測し，交通事故や車両故障等は非常電話や道路パトロールの通報により，高速道路で発生した各種事象を把握している．

そして，管理者はそれらの事象を整理し，判断を行い，道路利用者に道路情報板やハイウェイラジオ等で提供している．また，交通事故による通行止めが発生した場合には，本線上で車両を立ち往生させないために手前の IC にて一般道路へ降ろすことも行っている．その通行止め情報を数 IC 手前から道路情報板等で提供したり，各種提供メディアで道路利用者に伝えている．

1.3.2　提供情報

管理者は，高速道路で発生した様々な事象を的確に道路利用者に提供し，これにより道路利用者は危険を回避するために走行速度を落としたり，高速道路を降りる等の運転行動の変更を行うことで，安全で円滑かつ快適な走行が確保される．

高速道路で発生する様々な事象がどのように情報提供されているかを整理する．

(1)　事象等

高速道路において発生する主な事象等は以下のとおりである．

　　気象：地震，濃霧，降雨，降雪，風向風速，気温
　　路面：湿潤，冠水，凍結，積雪，損壊
　　交通：交通事故，工事，渋滞，逆走，車両火災
　　自然災害：越波，崖崩れ，地滑り，路肩損傷，落石，土石流，噴火および火砕流

(2) 事象の発生場所

事象の発生する場所は，交通事故などの場合は道路上の地点であり，工事や渋滞などは長さがある区間である．さらに気象については地域に及んでいる．それらの発生場所を道路利用者に分かりやすく提供するために，高速道路に関連した表現としている．例を以下に示す．

　IC名：○○〜□□，△△ジャンクション等
　場所：○○バス停付近，□□トンネル，△△合流部，××キロポスト等
　距離：この先，1キロ先，5キロ先等
　路線および方面：○○道路，□□方面等

(3) 規制・指示等

車線を塞ぐような大事故が発生した場合は，本線を通行止めにして手前のICで車両を降ろさなければならない．また，工事などにより車線が減少している場合は，走行車両の安全を確保するために速度を低下させる速度規制を行っている．このように事象の内容と程度により，様々な交通規制，指示事項や事象状況が提供されている．例を以下に示す．

　通行規制：通行止，ここで出よ，進入禁止，チェーン装着等
　速度規制：80キロ規制，50キロ規制等
　車線規制：右側通れ，左側通れ等
　注意喚起：走行注意，速度落せ等
　事象状況：渋滞通過時間，事故処理終了等

(4) 情報提供のタイミング

道路利用者は，高速道路での各種事象がどの場所（区間）で発生していて，どのような交通規制が行われているかの情報提供を受けて，車両速度を落とす等の運転行動を決定する．さらには，事象の程度や所要時間の情報により迂回等の旅行計画の変更を行う．

高速道路で提供される情報は，事象発生場所の直前で良いものと，旅行計画の変更を伴う情報のように数IC手前でなければならないもの，さらに降雪によりチェーン装着等の交通規制がある場合のチェーン携行など高速道路の利用前に必要なものに分けられる．つまり，高速道路の情報は事象内容とその程度により，どのタイミングに，どの場所でどの範囲まで提供するかを決定することが重要である．

(5) 情報収集の計測周期

情報の収集は，時々刻々と変化する交通状況等のようにリアルタイム（1〜5分の計測周期）に収集されるものと，気象状況のようにその現象が急激に変化しないため10分程度の計測周期でも良いもの，工事情報などのように状況にあまり変化がなく，事前に収集されるものがある．

1.4　交通管制システムの概要

管理者は，高速道路を走行する車両が安全に円滑かつ快適に走行するためには，道路上で発生し

た各種の事象を道路利用者に提供することが重要である．これらの一連の運用の流れをシステム化したものが交通管制システムである．

1964年（昭和39年）名神高速道路では，雨や雪によるスリップ事故や濃霧による視界低下での追突事故を防止するために高速道路の本線上に初めて道路情報板が設置され，道路利用者に事前に気象現象を知らせて安全運転に寄与した．具体的には，道路近傍に設置した雨雪量計や視程計等の気象観測設備の計測データを管理事務所に送り，管理者はそのデータと（一財）日本気象協会の情報を総合的に判断し，道路情報板に「スリップ注意」等の表示を行った．

昭和40年代に入ると，道路整備と自動車の増加の間に著しいアンバランスが生じ，都市内はおろか都市間高速道路でも渋滞が発生するようになった．当初は道路パトロールからの情報で管理者が手動で道路情報板に「この先渋滞中走行注意」等を表示していた．昭和40年代後半には，変化する渋滞をリアルタイムに捉えるために，車両感知器を数多く設置して，交通量や速度，オキュパンシ（時間オキュパンシ）を計測処理し，道路情報板には「○○－△△渋滞××km」などのように，渋滞の発生箇所と渋滞の長さを自動的に表示可能とした．

すなわち，高速道路の交通管制システムは，時々刻々と変化する道路状況，交通状況，気象状況等の情報を，通信技術を積極的に活用して収集し，それらの情報から車両走行に係るものをコンピュータ処理した．その情報を道路情報板等の提供設備により迅速に道路利用者へ伝えることで，交通事故の防止，安全かつ快適走行のための支援，交通渋滞の低減に寄与した．第1.3図は，高速道路の交通管制システムの中核的な役割を果たしている交通管制室の一例である．

第1.3図　高速道路の交通管制室（1999年日本道路公団名古屋管理局交通管制室）

交通管制システムは，各種道路交通状況の情報を収集する収集系と収集された情報を処理する処理系，そして情報を提供する提供系で構成されている．また，設備の運用状況と各装置の状態を的確に監視する設備監視システムと，トンネル内の監視を行い，車両火災の発見や消火活動を行うトンネル防災システムとの連携が図られている．第1.4図は交通管制システムと連携するシステムとの関連図であり，各々の構成要素の詳細は後の各章にて述べる．

なお，交通管制システムのBCP（事業継続計画）は，バックアップシステム構築など事前に必要な準備や災害発生時の組織および対応方法を定めることにより，災害の被害を受けても中断せず，

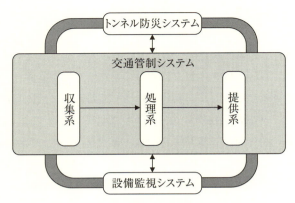

第1.4図　交通管制システム関連図

また，仮に中断した場合でも，可能な限り短い期間で機能を回復できることを目的としている（4.4.2項参照）．

参考文献

(1) 高速道路交通管制技術ハンドブック編集委員会：「高速道路交通管制技術ハンドブック」，電気書院（2005-09）
(2) 「高速道路の交通技術」，財団法人高速道路技術センター，pp.100-103（2003-03）
(3) 「高速道路の高度交通管制システム」，電気学会技術報告，第938号（2003-10）
(4) 「高速道路と自動車」，高速道路調査会，第59巻第6号（2016-06）
(5) 日本高速道路保有・債務返済機構：「全国高速道路路線網図」，http：//www.jehdra.go.jp/pdf/1173.pdf（2016-01）
(6) 「高速道路における新交通管制システムのあり方」，電気学会技術報告，第1297号（2013-11）
(7) 「道路」，日本道路協会，Vol.744（2003-02）

第2章 交通流理論

2.1 概　要

　道路交通は，道路と自動車，歩行者，さらには路面電車等から成り立っているが，例えば高いビルの窓から見下ろしたときのように個々の車両の行動の集積を流れとしてとらえた場合，目に留まる道路上の車群の運動にはある整然とした規則性が見られる．このような交通流から導き出される法則や理論は"交通流理論"と呼ばれている．

　交通特性の解析により種々の交通現象を忠実に再現することができれば迅速な交通状況の把握や交通流予測にも役立つことから，交通流理論は交通管制においても非常に有用な考え方といえる．そのため交通工学の分野では，様々なアプローチによる交通流のモデル化についての研究が行われてきた．しかし，実際の交通現象は単に道路あるいは自動車というハードウェアのみによって定まるものではなく，社会の諸活動や習慣，運転者の行動や特性，他方では交通管制など運用の状況等の要因によっても影響を受けるため，単純な数理ベースの交通流モデルでは解明しきれないことが分かってきた．

　現在は，コンピュータの発達とともに実際の車両挙動データや交通環境をパラメータとした交通流シミュレーションによる交通流解析等も盛んに行われており，交通流予測の高精度化や，渋滞解消による環境負荷低減などへの効果が期待されている．

2.2　交通流パラメータ

　交通流とは道路上における車両の行動を個々の運動としてではなくこれらの集積である流れとしてとらえたものであり，交通流の状態を量的に表す変数を交通流パラメータという．主なものとして，交通量 Q，交通密度 K，速度 V の三つが用いられる．

2.2.1　交通量・交通密度・速度

（1）　交通量

　ある特定時間内における特定地点の通過車両台数を交通量 Q という．道路断面における総通過車両台数を用いる場合には断面交通量と呼ばれる．車線別，車種別，方向別などの区分をして用いることもある．道路計画や利用度調査などを行うときには，1日の総通過車両台数や，混雑時の1

時間における通過車両台数に基づく日交通量や時間交通量が用いられる．

交通管制のためには，より短い時間，例えば1分，2.5分，5分などを測定時間にとり，単位時間当たりに換算した車両数をフローレートqという．

フローレートq［台/h］は，測定時間をT［h］，測定時間Tの間に通過した車両数をN［台］とすると，以下の式で表すことができる．

$$q = \frac{N}{T} \tag{2.1}$$

（2） 交通密度

特定道路区間内における単位距離当たりの存在車両台数を交通密度（以下，密度）Kという．

密度K［台/km］は，区間長をL［km］，その区間内に存在する車両数をN［台］とすると，以下の式で表すことができる．

$$K = \frac{N}{L} \tag{2.2}$$

（3） 速　度

交通流における速度Vとは，車両の走行速度を集団の流れとしてみたものである．すなわち，交通流中の車両の走行速度にばらつきがある場合には，その平均値を用いなければならない．平均値としては，時間平均速度と空間平均速度の2種類が用いられる．

　時間平均速度$\overline{V_t}$：特定地点を通過する車両の走行速度を時間的に平均したもの
　空間平均速度$\overline{V_s}$：ある時刻に特定道路区間内に存在する車両の走行速度を平均したもの

速度v［km/h］をもつ車両の時間分布を$f_t(v)$，空間分布を$f_s(v)$とすると，$\overline{V_t}$［km/h］および$\overline{V_s}$［km/h］はそれぞれ以下の式で与えられる．

$$\overline{V_t} = \int_0^\infty v f_t(v) dv \tag{2.3}$$

$$\overline{V_s} = \int_0^\infty v f_s(v) dv \tag{2.4}$$

なお，本章ではある時刻における車両の速度を主に扱うため，以降，単に「速度V」と表記しているものは空間平均速度$\overline{V_s}$を指すものとする．

（4） 交通量・密度・速度の関係

交通量Q，密度K，速度Vの三つのパラメータの間には以下の関係が成り立つ．

$$Q = KV \tag{2.5}$$

式（2.5）における三つのパラメータのうち，一般に，独立な変数は二つであり，さらに，個々の道路においてはそれぞれ固有のK-V特性あるいはQ-V特性が存在するので，パラメータのうちの一つが与えられると他の二つはこれらの関係式から推定することができる．

第2.1図に高速道路の標準的な道路区間におけるQ-K，K-V，Q-Vの関係を表す実測データを示す．

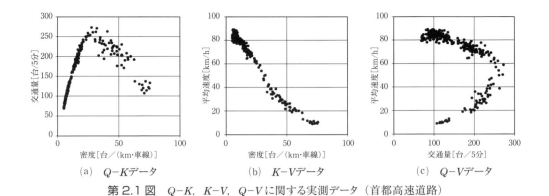

第2.1図 Q–K, K–V, Q–Vに関する実測データ（首都高速道路）

QとKの関係において，Kが小さい段階ではKの増加とともにQが比例して増加するが，Kが過大となると，Vの低下によってかえってQは減少する．前者は非渋滞時における車両の走行状態に相当することから「自由流領域」と呼ばれ，一方，後者は渋滞時に相当することから「渋滞流領域」と呼ばれる．

KとVの関係において，Kが小さいと，車両はほかの車両の影響を受けずに自由に走行できるが，Kが大となるにつれてVが低下し，ついには混雑のためにVがきわめて小さくなる．

QとVの関係において，自由流領域ではVが大きく，Qの増加に対してVは減少するが，渋滞流領域ではVの減少とともにQも減少する．

2.2.2 交通容量

道路において単位時間に通過可能な車両の台数を交通容量という．道路の交通処理能力を示す最も基本的な量である．高速道路における交通容量とは，道路の線形，勾配，幅員など，道路の構造によって定まる道路条件および制限速度，車種構成など，車両や運転者によって定まる交通条件が与えられた場合，1車線または道路断面における1時間に通過し得る車両の最大数を指す．日本において，道路の線形や勾配が理想に近い場合の高速道路の交通容量の観測値は，1車線当たり2200 [pcu/h] 程度である[1]．ここで，pcu（passenger car unit）とは乗用車換算台数であり，様々な車種の台数を車種構成に関係なく，すべて乗用車であった場合の台数に換算した値を示す．

交通量が交通容量に達した場合の密度を臨界密度，速度を臨界速度という．このような交通状態では車線変更や追い越しが不可能になり，車両の速度分布は小さくなる．さらに交通容量を超えて車両が道路に流入すると，密度の増加と速度の低下を生じ，道路は渋滞状態となって交通流は不安定となる．

このような渋滞区間では速度変動が大きいため，密度が疎の部分と密の部分を生じ，さらにこの疎密波が下流側から上流側へ伝搬していく現象を生ずることがある．これをアコーディオン現象という．第2.2図は，高速道路上の特定区間（例えば，数百 [m] ごとの区間）において，区間内に存在する車両の平均速度を1分ごとに計測したデータの一例であるが，疎密波が伝搬してゆく様子がよく示されている．

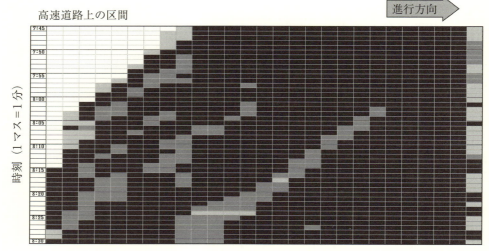

※各マスの色が濃いほど平均速度が低いことを表している.

第2.2図　高速道路におけるアコーディオン現象の例（首都高速道路）

2.2.3　車頭間隔

連続して走行する2台の車両前部の間の距離または時間間隔を，車頭間隔という．車頭間隔は，高速道路における追い越しや合流の際，運転者の判断基準となるパラメータのひとつと考えられる.

(1)　車頭距離

ある時刻に観測される車両前部の間の距離を車頭距離という．特定道路区間内に存在する通過車両 n［台］についての車頭距離をそれぞれ S_i［m］（$i = 1, 2, \cdots, n$）とすると，密度 K は次式のように表すことができる.

$$K = \frac{n}{\sum_{i=1}^{n} S_i} \times 1000 \tag{2.6}$$

一般に，車両の速度が大きくなると密度 K は小さくなり，車頭距離は大きくなる．日本における速度と最小車頭距離の関係を求めた例[2]を**第2.1表**に示す.

第2.1表　速度と最小車頭距離の関係例[2]

速度 V［km/h］	10	20	30	40	50	60
車頭距離 h［m］	7.3	9.4	11.9	14.8	18.2	22.0
速度 V［km/h］	70	80	90	100	110	120
車頭距離 h［m］	26.3	31.0	36.1	41.7	47.7	54.2

近似式：$h = 5.7 + 0.14V + 0.0022V^2$ による.

(2)　車頭時間

特定地点を車両の前部が通過する時間差を車頭時間という．**第2.3図**に日本の高速道路で観測

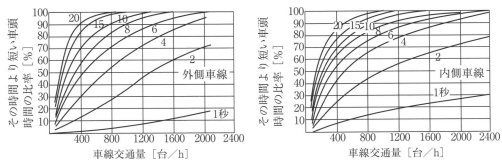

第 2.3 図 高速道路標準区間の車頭時間分布の例[3]

された車頭時間分布の例を示す[3]．なお，交通量が交通容量に達したときの平均車頭時間は 1.6 〜 1.7 秒程度であるが，最小車頭時間としては 0.5 秒というデータも存在する．

2.2.4 オキュパンシ

車両群が時間的または空間的に道路を占有する割合を示す量をオキュパンシ（占有率）という．オキュパンシは車両の有無を感知する車両感知器を利用することにより容易に計測できることから，交通管制において密度に代わる量として用いられている．

オキュパンシには時間オキュパンシと空間オキュパンシの2種類があるが，後述のとおり測定が容易な点から時間オキュパンシの方が多く用いられる．

(1) 時間オキュパンシ

時間オキュパンシ O_t は，第 2.4 図に示すように，特定地点における計測時間 T [s] に対する通過車両 n [台] 分の車両感知時間 t_i（$i = 1, 2, \cdots, n$）[s] の総和の割合で表すことができる．

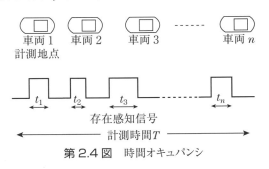

第 2.4 図 時間オキュパンシ

$$O_t = \frac{1}{T}\sum_{i=1}^{n} t_i = \frac{1}{T}\sum_{i=1}^{n} \frac{l_i}{v_i} \tag{2.7}$$

ただし，t_i：車両 i の感知時間 [s]，l_i：車両 i の車長 [m]，v_i：車両 i の速度 [m/s]

一方，同一車線上に距離 D [m] だけ近接して置かれた一対の車両感知器から計測される通過時刻の差 τ_i [s] でも，この時間オキュパンシを求めることができ，

$$O_t = \frac{1}{T}\sum_{i=1}^{n} \tau_i \tag{2.8}$$

となる．ここで，交通量を Q，空間平均速度を V とし，すべての車長が等しく，その車長を車両感知器間の距離 D と等しいとすると，時間オキュパンシは，

$$O_t = Q \frac{D}{V} \tag{2.9}$$

となる．式(2.5)を式(2.9)に代入すると，

$$O_t = KD \tag{2.10}$$

となる．以上より式(2.8)と式(2.10)の関係が得られるので，一対の車両感知器を使えば計測データから密度 K を容易に求めることができる．

(2) 空間オキュパンシ

空間オキュパンシ O_s は，第2.5図に示すように，ある時刻における測定区間の面積 A [m²] に対する通過車両占有面積 a_i [m²]（$i = 1, 2, \cdots, n$）の総和の割合で表すことができる．

第2.5図　空間オキュパンシ

$$O_s = \frac{1}{A} \sum_{i=1}^{n} a_i \tag{2.11}$$

空間オキュパンシ O_s を求めるには，第2.5図中の面積 A で示される領域全体を面的に捉えるようなセンサ（例えば，CCTV や長大ループコイル）が必要である．

2.2.5　所要時間・旅行時間

所要時間は，出発地から目的地に向かって，これから走行するのに要する時間を表す．特定の地点 A から B までの所要時間は区間所要時間とも呼ばれる．また，旅行時間は，目的地に到着したときに出発地から要した走行時間を表す．

円滑に走行できるケースや，区間内に事故車，故障車などの停止車両，落下物，さらには自然現象の天候（霧・雪等）などの交通阻害要因によって目的時間内に到着できないケースといったように，所要時間や旅行時間は交通状態により常に変化する．

なお，車両感知器や AVI システム（7.2節参照）を用いることにより現在の移動時間を正確に計測することができ，さらに交通状況の予測を行うことで予測所要時間を算出することも可能である．

一般道路における交通流パラメータの考え方

(1) 交通容量

信号交差点の交通容量は，交差点の構造，特に流入部の幅員の影響が大きく，また駐車車両や横断歩行者の状況，大型車混入率，右折車混入率などの交通条件によっても左右される．そのため，信号交差点の交通容量は青信号の1時間当たりに通過できる車両の最大数と定義されている．駐停車の影響や歩行者の障害がなく，乗用車のみが直進するとした場合の理想的な交通容量（基本交通容量）は，日本の街路における観測値では1車線当たり1800～2000 [pcu/青時間] 程度である．

(2) 車頭時間

交差点の停止線における発進車両の車頭時間は，第1図に示すように，青時間の始まりには停止車両が加速されるため，先頭車から2～3台の車頭時間が長い．先頭車から数台後には1.8～2.0秒の定常値に落ち着き，この値から交差点の交通容量が算出される．

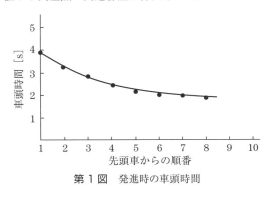

第1図 発進時の車頭時間

2.3 交通流モデル

交通流モデルは，アプローチの違いによってマクロモデルとミクロモデルの2種類に大別される．前者は複数の車両（車群）を流体として取扱う流体モデルが代表的である．後者は車両を1台ごとに扱うもので，車両の走行について追従理論を適用する追従モデルが代表例である．しかしながら，交通流は個々の車両が意志を持って行動する非線形な流れであるため，これらの現象論的モデルによる交通流解析は困難といわれていた．

一方で，セルオートマトンを用いた交通流モデルは，追従モデルにおける時間，空間および物理量といった変数をすべて離散化することにより，コンピュータシミュレーションによる解析を容易に行うことができるモデルとして注目されている．

2.3.1 流体モデル

交通流を空気のような圧縮性流体と考える方法であり，流体力学的な考え方および交通量 Q，密度 K，速度 V の関係に基づいて，交通流の状態を巨視的に表現するモデルである．代表的な流体モデルとして Greenshields[4] や Greenberg[5] のモデルがよく知られている．

Greenshields のモデルは，K と V の関係を以下の一次式で与える．

$$V = V_\mathrm{f}\left(1 - \frac{K}{K_\mathrm{j}}\right) \tag{2.12}$$

ここで，自由走行速度 V_f は $K = 0$ のときの速度，最大密度（ジャム密度）K_j は $V = 0$ のときの密度である．この式と $Q = KV$ の関係から，

$$Q = KV_\mathrm{f}\left(1 - \frac{K}{K_\mathrm{j}}\right) \quad (Q\text{--}K \text{ 曲線}) \tag{2.13}$$

$$Q = K_\mathrm{j} V\left(1 - \frac{V}{V_\mathrm{f}}\right) \quad (Q\text{--}V \text{ 曲線}) \tag{2.14}$$

が得られる．

一方，Greenberg のモデルは，K と V の関係を以下の対数式で与える．

$$V = V_\mathrm{c} \ln\left(\frac{K_\mathrm{j}}{K}\right) \tag{2.15}$$

ここで，臨界速度 V_c は交通量が最大となるときの速度である．この式と $Q = KV$ の関係から，

$$Q = KV_\mathrm{c} \ln\left(\frac{K_\mathrm{j}}{K}\right) \quad (Q\text{--}K \text{ 曲線}) \tag{2.16}$$

$$Q = K_\mathrm{j} V \exp(V_\mathrm{c} - V) \quad (Q\text{--}V \text{ 曲線}) \tag{2.17}$$

が得られる．

Greenshields や Greenberg のモデルによる Q–K 曲線，Q–V 曲線を第 2.6 図に示す．非渋滞状態では Greenshields のモデルが，また渋滞状態では Greenberg のモデルがよく合うといわれる．

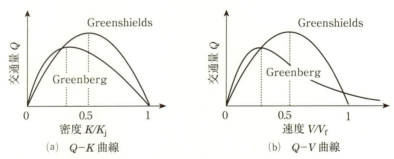

(a) Q–K 曲線　　(b) Q–V 曲線

第 2.6 図　流体モデルによる Q–K，Q–V 曲線

2.3.2 追従モデル

追従モデルは，車両が同一車線上の先行車両に対し，走行の安全上必要と判断される最小の間隔を保ちながら走行するときの車両の挙動を表現するモデルである．個々の車両の動特性，追突などに対する安全性の検討などに用いられる．

追従走行する車両 i と先行車両 $i-1$ の位置関係が第 2.7 図で表されるものとする．Chandler, Herman ら[6]は，車両 i の加速度 $\ddot{x}_i$ が先行車両との速度差のみに依存するとして，以下の線形モデルを考えた．

$$\ddot{x}_i(t + t_\mathrm{d}) = \alpha\{\dot{x}_{i-1}(t) - \dot{x}_i(t)\} \tag{2.18}$$

ただし，α：定数，t_d：運転者の反応遅れ時間

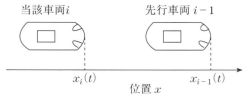

第 2.7 図　追従走行のモデル

解析によれば，$\alpha t_d > 1/2$ となると先行車両における擾乱（走行状態の乱れ）が後続車両において拡大され，追突の危険性が生ずるとされている．

Gazis ら[7]は，実際の交通現象と，より合致するように式(2.18)を拡張して，以下の非線形モデルを提案した．

$$\ddot{x}_i(t+t_d) = \alpha \{\dot{x}_i(t+t_d)\}^l \frac{\dot{x}_{i-1}(t) - \dot{x}_i(t)}{\{x_{i-1}(t) - x_i(t)\}^m} \tag{2.19}$$

実測値との照合結果では，定数の組 (l, m) が，$(1, 2)$，$(0, 1)$ および $(0, 2)$ の場合において実測値との相関が高かったとされている．

$l = 0$，$m = 1$ のとき，式(2.19)を積分すると，

$$\dot{x}_i(t+t_d) = \alpha \cdot \ln K_j \{x_{i-1}(t) - x_i(t)\} \tag{2.20}$$

となる．ただし，K_j は最大密度に相当する定数である．

また，$l = 0$，$m = 2$ のとき，式(2.19)を積分すると，

$$\overline{V_t} = \int_0^\infty v f_t(v) \mathrm{d}v \tag{2.21}$$

となり，時間平均速度（式(2.3)）の形と一致する．

これらの式の形に見られるように，追従走行する車両の速度は車頭距離の関数でも与えられる．また，これらの式は，定常走行状態ではそれぞれ Greenshields のモデルおよび Greenberg のモデルなどの流体モデルと一致する．

しかしながら，追従モデルはもともとテストトラックにおいて 2 台の車両を試験走行させて得られた結果に基づくものであり，一方，流体モデルは自由走行車両と追従走行車両が混在する交通流の観測結果に基づくものであり，上記のような式の一致があっても，追従モデルのみでは交通流現象を完全に説明したことにはならない．

2.3.3　セルオートマトンモデル

CA（Cellular Automaton：セルオートマトン）とは，有限種類の状態をもつ格子状のセル（細胞のような単位）を定義し，あらかじめ設定した時間発展ルール（時間に対するセルの状態変化についてのルール）に従って，離散的な時間間隔で個々のセルの状態変化をシミュレートする計算モデルである[8]．CA は数学，物理学，生物学などの幅広い研究分野で利用されており，生命現象，結晶の成長，乱流といった複雑な自然現象に対しても応用が可能といわれている．CA を交通流モデルに応用した例を以下に紹介する．

第 2.8 図のように，追い越しの無い 1 車線の道路を複数のセルで区切り，一つのセルには車両が最大 1 台まで存在できるものとする．すなわち，セルの状態を，車両が存在しない状態を「0」，

車両が存在する状態を「1」という二つの状態で定義する．なお，セルの集合は無限長であることが望ましいが，この代わりに CA モデルにおいては始点と終点を接続したリング状のコースとすることでシミュレーションを行うのが一般的な手法となっている．

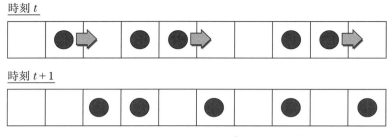

第2.8図　CA を用いた交通流モデルの表現例

また，車両の移動については，進行方向を右向きとし，1回の時間更新で最大1セルだけ前進できるものとする．すなわち，一つ前方（右側）のセルに車両が存在する場合は前進できず，車両が存在しない場合は前進できるとする．このような車両移動パターンについて，注目セルとその両隣のセルおよび次の時刻における注目セルの状態の関係をすべて挙げると，第2.2表のように表すことができる．これは Wolfram が考案した基本 CA（Elementary CA，もしくは ECA）[9] のうち，「ルール 184」と呼ばれる CA モデルである（「次の時刻の注目セル」の列にある値を上から順に並べると $(10111000)_2 = 184$ なので，ルール 184 と呼ばれている．）．

ルール 184 の CA による交通流モデルは，非常にシンプルでありながら，渋滞が下流から上流側へ伝搬していく現象を再現できるモデルとしてよく知られている．しかし，一つの初期状態に対してある1通りの決まった結果しか導けないため，このままでは現実の交通流を適切に表現できているとは言えない．

第2.2表　CA を用いた交通流モデルの例（ルール 184）

現在の状態			次の時刻の注目セル
左セル	注目セル	右セル	
1	1	1	1
1	1	0	0
1	0	1	1
1	0	0	1
0	1	1	1
0	1	0	0
0	0	1	0
0	0	0	0

※進行方向を右向きとする

上記のルール 184 に確率論的なルールを取り入れた交通流モデルとして，1992 年に Nagel と Schreckenberg によるモデル（以下，NS モデル）が発表された[10]．NS モデルでは車両に速度のパ

ラメータが与えられており，以下の四つのルールによりシミュレートを行う．

① Acceleration：車両の速度 v が制限速度 v_{max} よりも小さく，かつ前方車両との距離が $v+1$ 以上である場合，速度に1を加える（$v \to v+1$）．

② Slowing down (due to other cars)：車両が場所 i に存在し，前方車両が場所 $i+j (j \leq v$ とする) に存在する場合，衝突しないように速度を $j-1$ まで下げる（$v \to j-1$）．

③ Randomization：速度が1以上の各車両は，一定の確率 p（減速率）で速度を1下げる（$v \to v-1$）．

④ Car motion：各車両は与えられた速度 v に従って前方に移動する．

NS モデルの特徴は③のようなランダムブレーキの概念を取り入れた点であり，実際の交通流にも適用可能であるといわれている．NS モデルをベースとして様々に拡張された交通流モデルが数多く提案されている．

2.4 交通流シミュレーション

2.4.1 概　要

交通流シミュレーションは，第2.9図に示すように現実の道路網構成，交通流特性，交通需要，自動車の走行状態など，交通流を定める各種の要素をモデル化してコンピュータまたは類似のハードウェアの上で表現し，計算することによって交通流現象の時間的推移を模擬し，その結果から現実の道路網に起こるであろう交通流現象を類推するものである．

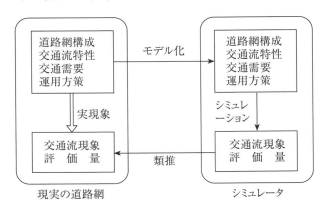

第2.9図　交通流シミュレーション

交通量，速度などの交通流パラメータや，旅行時間，渋滞長などの交通状況評価量の将来値を予測する交通流予測は，日常的に発生する渋滞が関連する地点の交通流パラメータ（交通量，密度，速度）などによってほぼ定まるという事実に基づく経験の蓄積から，過去のデータの統計をもとに予測する統計的手法などが用いられていた．しかし，交通流は単なる物理的な流れだけではなく社会的・人間工学的要因を含んだ複雑な現象であり，また観測によるデータの集積も時間と手間がかかるので，これらの代替手段として交通流シミュレーションを用いた予測は有用な手法である．

すなわち，交通流シミュレーションを用いることにより，交通管制の様々な状況を想定した上で

予測を行い，適切な管制パラメータを選択することも可能となる．例えば，高速道路における IC や JCT における合流現象，登坂車線やゆずり車線等の低速車用車線導入の効果など，また一般道路においても三差路やロータリーの交通容量，バス優先レーン設定の影響，交通信号制御の効果，交通信号パラメータの一つであるオフセットの最適化，最短経路誘導に基づく総旅行時間軽減の効果など，多くの対象についてシミュレーションによる評価および検証が行われており，交通流理論に関する基礎的研究から，道路設計，交通計画，交通運用などの広い分野で実用化されている．

2.4.2 交通流シミュレーションモデル

日本における交通流シミュレーションモデル開発については，1970年に交通工学研究会において初めて検討がなされ[11]，その後，対象ネットワークの種類や利用目的，ハードウェア・ソフトウェア技術の進展に応じて，モデルの改良・高度化がなされてきた．

将来における現実の交通状況を正確に予測するには，基礎データとなる流入交通量およびその将来値が正確に予測される必要がある．さらに，シミュレーションモデルの妥当性が現実に短時間で生じている変動をも含めて成立している必要があり，モデルの選択と適用範囲には十分注意する必要がある．

交通流シミュレーションモデルの具体例として，以下のような手法が考案され，あるいは用いられている．本書では代表的なものについて紹介する．

（1）インプットアウトプット法

インプットアウトプット法（Input Output Method）は，首都高速道路における交通状況予測を目的として1970年代に開発されたモデルである．高速道路の流入出点，分合流点，ボトルネックなどをキーポイントと名付け，隣接キーポイント同士の区間を単位として $Q-K$ モデルを適用するものである．

その時刻までの実測交通量と統計パターン（平日用，休日用など）から流入交通量を推定し，分流比率も同様に与える．各キーポイントの通過交通量について，渋滞の有無を考慮せず，まず上流側からインプット（需要交通量）とアウトプット（通過交通量）を与える．次に渋滞の有無を考慮して下流側から通過交通量を修正する．前に求めた通過交通量がキーポイントの交通容量で制限されるときには，$Q-K$ 関係を用いて渋滞流の密度と渋滞長を算出し，その結果によっては一つ上流側のキーポイントからのアウトプットを減少させる．合流点での渋滞時の合流比率は需要交通量の比によって定める．出力データとしては，通過交通量，区間密度，渋滞長のほか，旅行時間を算出する．

本モデルにより，当時の首都高速道路の環状線や各放射線などの路線を対象とした実測データに基づいた2分周期のシミュレーションが行われ，路線の所要時間について実測値とよく一致する結果が得られている．

（2）SOUND モデル[12][13]

SOUND（Simulation On Urban road Network with Dynamic route guidance）は，高速道路などの広域な道路網を対象として，「経路選択」と「車両移動」を交互に繰り返すことによって，車両個々の動きをシミュレートするミクロモデルとして1995年に発表された．

「経路選択」では，まず道路利用者を経路選択層と経路固定層の2種類に分類し，経路選択層の割合 α（経験的に $\alpha = 0.4 \sim 0.6$）を設定する．分流部において，経路選択層の車両は区間旅行時間をもとに Dial 配分（式(2.22)）に従い経路選択をさせる．一方，経路固定層の車両には区間旅行時間に関係なく経路選択をさせる．

$$P(k) = \frac{\exp(-\theta \cdot T_k)}{\sum_i^n \exp(-\theta \cdot T_k)} \tag{2.22}$$

ただし，$P(k)$：経路 k を選択する確率，θ：経路選択感度，T_k：経路 k の旅行時間

「車両移動」では，あらかじめ各リンクに交通量 Q と密度 K の関係式（Q–K 関係）を設定しておき，車両を前方（下流側）から1台ずつ移動させていく．第2.10図のような車両の移動において，dt 時間での車両の移動距離 L が，移動速度 V（$V = L/\mathrm{d}t$）および移動完了時の前方車両との車頭距離 S（$S = 1/K$）がそれぞれ Q–K 関係（および $Q = KV$）を満たすように決定される．なお，SOUND モデルでは計算の簡単化のため，Q–K 関係を第2.11図のような直線の式としている．

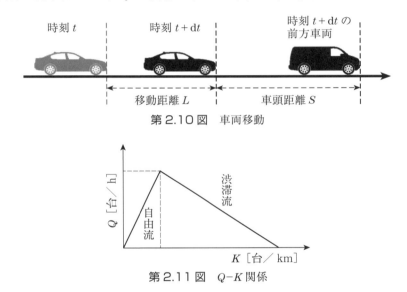

第2.10図　車両移動

第2.11図　Q–K 関係

当時の研究報告によれば，首都高速道路ネットワークにおける実測値とシミュレーション結果の比較から，リンク（特定区間）ごとの車両平均速度について高い相関が得られている．

(3) TRANDMEX モデル[14]

TRANDMEX（TRANspotation Dynamic Model or urban EXpressway）は，前述の SOUND を基本として，各リンクにおける Q–K 関係の決め方については実データから観測されたデータに基づいて体系的に設定した上で，大型車混入率による補正や，渋滞時およびボトルネック部における交通容量低下を考慮した補正を加え，経路選択については目的地までの全経路のうち代表的な2経路のみに着目する二項ロジット経路選択モデルを採用してデータ入力の負担を軽減するなど，より実用的な改良を加えたシミュレーションモデルである．

TRANDMEX モデルは，2009 年に首都高速道路交通管制システムの一部として実装された，「RISE (Real time traffic Information by dynamic Simulation on urban Expressway)」におけるシミュレータの一部として導入されている．

(4) HEROINE[15][16]

阪神高速道路で導入されている HEROINE (Hanshin Expressway Real-time Observation based and Integrated Network Evaluator) は，リアルタイムに収集した交通データから渋滞等の交通状態を予測するシミュレーションモデルであり，入路閉鎖実施の判断など交通管制業務支援等に活用されている．

車両のフローモデルとしては「ブロック密度法」が用いられており，対象路線を一定長（例えば，500 [m]）の区間に分割し，Q–K 関係に従って車両を移動させる．HEROINE では，第 2.12 図のように単路部，オンランプ合流部，オフランプ分流部といった区間の接続形態ごとに分類され，それぞれ定式化されている．

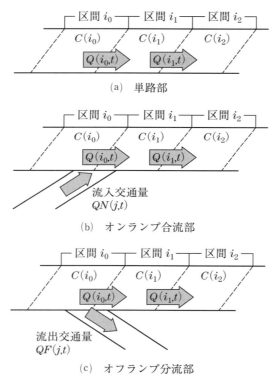

第 2.12 図　区間モデルの接続形態による分類

単路部のモデルについて以下で説明する．

時刻 t から $t+dt$ の間に区間 i_0 から区間 i_1 へ移動する流出交通量 $Q(i_0,t)$ を考える．$Q(i_0,t)$ は，区間 i_0 からの流出需要交通量 $QD(i_0,t)$ と，区間 i_1 への流入可能交通量 $QM(i_1,t)$ の最小値により求められる．

$$Q(i_0,t) = \min(QD(i_0,t), QM(i_1,t)) \tag{2.23}$$

ここで，流出需要交通量 $QD(i_0,t)$ は，区間 i_0 が非渋滞の場合は K–V 特性に従い，渋滞の場合（区

間 i_0 の密度 $K(i_0,t)$ が臨界密度 $K(i_0)$ を超えた場合）には単に交通容量 $C(i_0)$ で与えられる．

$$QD(i_0,t) = \begin{cases} K(i_0,t)V(i_0,t)N(i_0)\mathrm{d}t & \text{（非渋滞時）} \\ C(i_0)\mathrm{d}t & \text{（渋滞時）} \end{cases} \tag{2.24}$$

ただし，$N(i_0)$：区間 i_0 の車線数

一方，流入可能交通量 $QM(i_1,t)$ は，区間 i_1 が非渋滞の場合は交通容量 $C(i_1)$ で与えられ，渋滞の場合には K–V 特性に従う．

$$QM(i_1,t) = \begin{cases} C(i_1)\mathrm{d}t & \text{（非渋滞時）} \\ K(i_1,t)V(i_1,t)N(i_1)\mathrm{d}t & \text{（渋滞時）} \end{cases} \tag{2.25}$$

ただし，$N(i_1)$：区間 i_1 の車線数

オンランプ合流部，オフランプ分流部のモデルについても同様な考え方に基づき計算を行う．オンランプ合流部における合流比率や，オフランプ分流部における流出比率は，いずれも実測値をもとに設定される．

2.4.3　交通流シミュレータの事例

第 2.3 表に，開発されている交通流シミュレータの事例を示す．

前節であげた SOUND，TRANDMEX および HEROINE のように実際の交通管制で使用実績があるもの以外に，一般向けに販売されているシミュレータ等もある．特に後者については，一般道路における信号のスプリット，幅員等の道路環境，車両の挙動といった各種パラメータを詳細に設定可能なものや，リアルな 3D 表示やドライビング・シミュレータとの連携が可能なものなど，用途に応じて様々なシミュレータが開発されている．

開発主体についても企業，大学，国の機関等多種多様であり，表には示していないが海外で開発されている交通流シミュレータも多数存在している．

交通流シミュレーションモデルを選択するための比較材料を提供する手段として，交通工学研究会の交通シミュレーション委員会の「交通シミュレーションの標準検証プロセス（Verification）マニュアル」[27]が提案されており，各シミュレータの基本機能に関する検証結果が，同研究会の「交通シミュレーションクリアリングハウス」や開発者自身のホームページ等で公開され，情報交換等に利用されている．

第2.3表 交通流シミュレータの例

名称	使用モデル	開発主体	用途
IOSYS[17]	インプットアウトプット	㈱道路計画	交通渋滞の年間予測等
SOUND Ver.5[18]	QVK 関係, 追従モデル	東京大学, ㈱アイ・トランスポート・ラボほか	広域道路ネットワークにおける施策評価等 2D, 3D アニメーション機能
RISE[19]	（車両移動）TRANDMEX （予測）SOUND/A-21	首都高速道路㈱, ㈱アイ・トランスポート・ラボほか	交通量・所要時間の予測 交通管制システムの一部に利用
HEROINE[20]	ブロック密度法（QVK 関係） 迂回交通も含めたモデル	阪神高速道路㈱, 京都大学, 岐阜大学など	短期・長期渋滞予測 規制等施策に伴う交通状況予測
SIPA[21]	マクロ・ミクロ選択可能	国土交通省 国土技術政策総合研究所	ITS 施策の評価等
ミクロ交通流シミュレータ[22]	分子動力学を応用した車両挙動モデル	㈱東芝	合流部における交通現象の再現
NETSTREAM[23]	QVK 関係	㈱豊田中央研究所	イベント時の混雑予想 交通施策導入効果の予測等 3D アニメーション機能
ASSTranse[24][25]	マルチエージェントモデル （一定ルールに基づいて車両が自律的に行動するモデル）	㈱アストジェイ, 日本大学	ドライバの危険行動の再現 ドライビング・シミュレータ等
TRAFFICSS[26]	追従モデル 歩行者の表現も可能	㈱日立製作所 研究開発グループ	道路計画の立案・評価 2D, 3D アニメーション機能 中国の「TrafficVision」との連携

交通信号制御 (traffic signal control)

街路の交通管制は交通信号機によって行われている．交通信号機の制御の歴史は古く，手動による灯火の制御から始まり，今日では広域に車両感知器を配置しての自動制御を実現している．また街路に道路情報板を設置し，交通情報や所要時間の提供を行い，道路利用者の利便性向上に努めている．ここでは交通信号制御の一般論について記述する．読者の参考になれば幸いである．

交通信号機は，平面交差のある交通流に対して青・黄・赤や黄点滅・赤点滅などの信号表示を灯器によって行うことにより，通行権を定めて交通の安全を確保するものである．しかし，大都市の街路のように多数の信号機が接近して配置される場合，あるいは交通量が道路の交通容量に近いような重交通の場合にはしばしば大きな交通阻害要因となるため，交通流の制御において交通信号制御は非常に重要な位置を占めている．

一般的な十字交差点における交通信号機の動作例を**第1図**に示す．

第1図 交通信号機の動作例と信号パラメータ

主道路側に通行権が与えられた状態と，交差道路側に通行権が与えられた状態があるが，これらを信号現示 (signal phase) といい，それぞれを第1現示，第2現示という．信号パラメータ (signal parameter) は信号現示の設定状況を定量的に示すもので，サイクル・スプリットおよびオフセットをその3要素という．

サイクル (cycle length) は，信号現示が一巡するのに要する時間 [s] をいう．

スプリット (split) は，信号1サイクル中に占める各現示の時間比率 [%] をいい，例えば第1図に示す場合では，主道路が青である第1現示のスプリットは，全赤などを含めた時間とサイクル T との比により，

$$g_1 = \frac{T_1}{T} \times 100\,[\%] \tag{1}$$

で与えられる．

オフセット (offset) は，同一のサイクルをもつ信号機群間での信号現示のずれを表すもので，各サイクルにおける主道路側の青の開始時刻について，基準時刻からのずれの信号サイクルに対する比率 [%]，または基準時刻からのずれの秒数 [s] をいう．基準時刻として，特定交差点における青の開始時点を用いたものを（各交差点の）絶対オフセット，隣接交差点のそれを用いたものを（各リンクの）相対オフセットという．**第1図**に示す例では，相対オフセット（比率）γ は，

$$\gamma = \frac{D}{T} \times 100\,[\%] \tag{2}$$

で与えられる．

サイクル T と総遅れ時間の関係を，単独交差点にランダムな交通流が到着するとして求めると，**第2図**のようになる．同図において，L は現示の切換による損失時間であって，交差点内残存車両の退出時間，停止車両の発進遅れ時間などを含む．また，ρ は交差点の飽和度であって，主道路および交

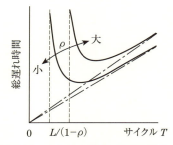

第 2 図 サイクルと総遅れ時間の関係

差道路の流入交通量 p_1, p_2 と，それぞれの交通容量 q_1, q_2 とから次式によって与えられる．

$$\rho = \rho_1 + \rho_2 \tag{3}$$

$$\rho_1 = \frac{p_1}{q_1} \tag{4}$$

$$\rho_2 = \frac{p_2}{q_2} \tag{5}$$

交差点の飽和度 ρ が 1 より小さければ，サイクル T には ρ に応じた最適値が存在し，それより T が大であれば赤信号を 1 回待つ時間が長くなる．一方 T が小であれば切換による損失時間 L の影響により，それぞれ総遅れ時間が増大する．T は普通 40 秒から 150 秒の範囲で設定する．スプリット g_1, g_2 は，各交差点各方向の交通量に応じて通行権を適切に配分することによって最適値が得られる．古典的な方法としては，

$$g_1 = \frac{\rho_1}{\rho} \times 100\,[\%] \tag{6}$$

$$g_2 = \frac{\rho_2}{\rho} \times 100\,[\%] \tag{7}$$

とするものが用いられている．

リンクの相対オフセットと総遅れ時間の関係は**第 3 図**のようになる．すなわち，道路の各方向についてみれば，上流側交差点からの青信号による発進流の所要走行時間がオフセット γ によって定まる時間差と等しいときに総遅れ時間が最小となるが，リンク全体としては両方向の総遅れ時間の和が最小となるように，最適オフセットを定める．

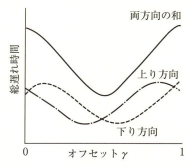

第 3 図 オフセットと総遅れ時間の関係

交通信号制御は歴史的な発展過程を経て，種々の手法が考案されている．現在実用化されている主な手法を**第 1 表**に示す．

1 列目は，信号機の制御範囲・制御台数の観点から信号制御手法を分類したものである．

「地点制御方式」は他の信号機と関連することなく，単独で動作する信号機の制御方式のことをいう．一方，一つの道路延長上の連続する複数の信号機を互いに時間的に関連づけて制御する方式を「系統

第1表 主な信号制御手法

地点制御方式	定周期制御	
	交通感応制御	
系統制御方式	定周期制御	
	交通感応制御	プログラム選択制御
		プログラム形成制御
面制御方式	交通感応制御	プログラム選択制御
		プログラム形成制御

制御方式」という．また面的に広がる道路網に設けられた多数の信号機を一括して集中的に制御する方式を「面制御方式」という．

2列目は，1列目で分類した信号制御方式における具体的な制御方法を示したものである．

「定周期制御」は，あらかじめ交通需要の変動パターンに対応して1日をいくつかの時間帯に分け，それぞれに異なる信号パラメータを設定しておき，時間帯に応じてそれら信号パラメータを順次切り替えるものである．一方，「交通感応制御」は，車両感知器等で計測した交通需要変動に応じて青時間やサイクル長を変更する制御方式である．

系統制御方式や面制御方式においては，あらかじめ設定された複数のプログラム（信号パラメータのセット）の中から最適なプログラムを選択する「プログラム選択制御」と，交通流のオンライン計測に基づいて最適な信号制御パラメータを算出する「プログラム形成制御」の2種類の制御方法がある．プログラム形成制御の代表的な方法には，交差点が処理できる最大容量（飽和交通流量）に対する需要交通量（流入台数に渋滞台数を加算した値）の比から算出した需要率に基づいて信号パラメータを算定するMODERATO（Management by Origin-Destination Related Adaptation for Traffic Optimization）[*1]や，上流交差点を通過する交通量をもとに到着交通流を予測し，交差点通過時に発生する遅れ時間が最小となるように青時間の最適化を行うプロファイル制御[*2]などがある．

(*1) H. Sakakibara, T. Usami, S. Itakura and T. Tajima：MODERATO（Management by Origin-Destination Related Adaption for Traffic Optimization），Proceedings of the 6th World Congress on ITS, Toronto, pp.38-43（1999-11）

(*2) S. Miyata, M. Noda, T. Usami et al.：STREAM（Strategic Realtime Control for Megalopolis-Traffic）Advanced Traffic Control System of Tokyo, Proceedings of the 2nd World Congress on ITS, Yokohama, pp.289-297（1995-11）

参考文献

(1) 「道路の交通容量」，日本道路協会（1984-09）
(2) 田中健一他：自動車交通における車頭間隔の観測結果について，運輸技研資料 No.56（1963）
(3) 「道路交通データブック」，交通工学研究会，p.40（1976）
(4) Greenshields, B.D.：A Study of Traffic Capacity, p.448（1934）
(5) Greenberg, H.：An Analysis of Traffic Flow, p.79（1959）
(6) Chandler, R.E., Herman, R. & Montroll, E.W.：Traffic Dynamics：Studies in Car Following, p.165（1958）
(7) Gazis, D.C., Herman, R. & Rothery, R.W.：Nonlinear Follow-the-leader Models of Traffic Flow p.545（1961）
(8) 杉山雄規：「交通流の物理」，日本流体力学会誌「ながれ」第22巻第2号，pp.95-108（2003-04）
(9) S. Wolfram：Theory and Applications of Cellular Automata, World Scientific, Singapore（1986）
(10) K. Nagel and M. Schreckenberg：A cellular automaton model for freeway traffic, Journal de Physique I France 2, pp.2221-2229（1992）
(11) 「交通管制における交通状況予測手法に関する研究」，交通工学研究会（1971）

2.4 交通流シミュレーション

⑿ 赤羽弘和，大口敬，小根山裕之：「交通シミュレーションモデルの開発の系譜」，交通工学 Vol.37, No.5, pp.47-55（2002）
⒀ 吉井稔雄，桑原雅夫，森田綽之：「都市内高速道路における過飽和ネットワークシミュレーションモデルの開発」，交通工学, Vol.30, No.1, pp.33-41（1995）
⒁ 森内正寿，森田綽之，吉井稔雄，小根山裕之，島崎雅博：「都市内高速道路シミュレーションモデルにおけるパラメータの設定について」，第25回土木計画学研究発表会，（2002）
⒂ 阪神高速道路：リアルタイム交通流シミュレーションモデル「HEROINE」，http://skill.hanshin-exp.co.jp/library/info/31004.html（2015-05）
⒃ Y.ISHII, T. DAITO et.al：Online Traffic Simulator（HEROINE）Introduced at the Hanshin Expressway Traffic Control Center, 11th ITS World Congress（2004-10）
⒄ 道路計画：IOSYS（イオシス），http://www.doro.co.jp/gijutsu/yosoku.html（2015-05）
⒅ アイ・トランスポート・ラボ　広域道路網交通流シミュレーションシステム SOUND Ver.5, http://www.i-transportlab.jp/products/sound/（2015-05）
⒆ 宗像恵子，田村勇二，割田博，白石智良：「首都高速道路におけるリアルタイム予測シミュレーションの開発」，第29回交通工学研究発表会論文集，No.74（2009-10）
⒇ 奥嶋政嗣，大窪剛文，大藤武彦：「都市高速道路における交通管理施策評価のための交通シミュレータの開発」，第26回土木計画学研究発表会（2002）
(21) 国土交通省国土技術政策総合研究所：交通シミュレータ（SIPA）の開発，http://www.nilim.go.jp/japanese/its/2reserch/1field/8sipa/sip.htm（2015-05）
(22) 上野秀樹，平田洋介，大場義和：「交通現象を高精度で再現できるミクロ交通シミュレータ」，東芝レビュー, Vol.64, No.4（2009）
(23) 棚橋巖，北岡広宣，馬場美也子，森博子，寺田重雄，寺本英二：「広域交通流シミュレータ NETSTREAM」，豊田中央研究所R&Dレビュー, Vol.37, No.2, pp.47-53（2002）
(24) アストジェイ：ASSTranse, http://www.astweb.co.jp/sdl_site/asstranse/（2015-05）
(25) アストジェイ：DS-nano- ドライビング・シミュレータ，http://dsnano.net/（2015-05）
(26) 日立製作所　研究開発グループ：交通流シミュレーションシステム TRAFFICS, http://www.hitachi.co.jp/rd/trafficss/（2015-05）
(27) 交通工学研究会：交通シミュレーションクリアリングハウス　モデルの基本検証（verification）マニュアル，http://www.jste.or.jp/sim/manuals/（2015-05）

第3章 収集系

3.1 概要

　交通管制システムは，高速道路上の交通状況を監視し，渋滞長や2地点間の所要時間等の情報を提供している．収集系はその情報提供を実現するために，道路状況を監視し，特定のデータを収集している．処理系設備は，それら収集データを処理し，渋滞長や所要時間を算出している．
　交通管制システムの収集系には，車両感知器，CCTV等を用いる方式の他に，道路パトロール情報，非常電話・携帯電話からの連絡情報など人手を介する方式等から構成される（第3.1図）．

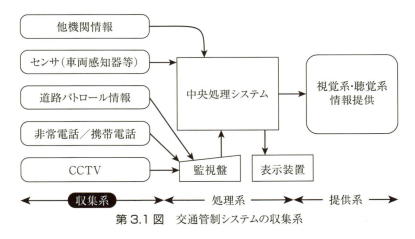

第3.1図　交通管制システムの収集系

　例えば，車両感知器は1地点ごとに1分の交通量，速度，オキュパンシのデータを収集している．そしてそれらのデータは，情報提供の内容や手段により，1分～5分ごとに処理されている．
　さらに，トンネル部や橋梁上等での安全を確保するために，トンネル防災システムや，気象観測設備が構築されている．また，道路構造の維持管理の目的で計測されるデータに，軸重や総重量等がある．
　交通管制システムを含む道路管理は，第3.2図に示す三つのレイヤで構成される．道路施設の維持管理に関するレイヤ1が第一にあり，その上に安全の維持に関するレイヤ2がある．さらに，その上に，道路交通のサービス水準維持のためのレイヤ3がある．
　レイヤ1施設の維持とは，がけ崩れや路面陥没という走行できない状態を管理するレイヤであり，

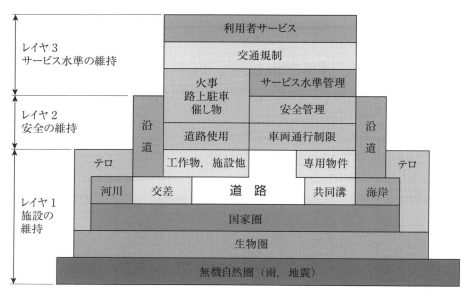

第3.2図　道路管理のレイヤ

道路とその付帯設備が維持されて道路としての基本的条件が成立している状態をいう．

レイヤ2安全の維持とは，道路としての基本条件が維持されているので走行できるが，その安全が確保されているかどうかというものであり，トンネル部での火災や橋梁上での凍結などが対象となる．

なお，「テロ」対策も施設の維持と安全の維持において検討しておく必要がある．

第3.1表　道路管理の機能と計測項目

レイヤ	機　能	計測項目	計測機器&システム
レイヤ3 サービス水準の維持	交通状況監視	断面交通量	車両感知器
		地点速度，オキュパンシ	車両感知器
		2地点間旅行時間	AVIシステム，プローブカー
レイヤ2 安全の維持	トンネル環境把握	CO濃度，視程	CO計，VI計
	事故・火災の検出	トンネル火災	火災検知器，光ファイバ温度計
		非常通報	押ボタン式通報装置，非常電話
		異常走行の検出	画像センサ
	気象状況把握	風向・風速・気温・雨量	気象観測設備
		視程	VI計，BS計，FS計
		積雪	積雪計（超音波式，レーザ方式）
		路面凍結	路面凍結計
		震度	地震計（加速度計）
レイヤ1 施設の維持	道路構造監視	亀裂，疲労	歪計
		加速度，震度	地震計（加速度計）
		車両諸元	軸重計，車重計，車高計等，車番読取
共通レイヤ	状況監視	現場映像	CCTV設備

レイヤ3サービス水準の維持とは，安全も確保されているが，渋滞が発生して目標とするサービスレベル（定時定速性，高速性）が維持できているかどうかを問うものである．

これらの三つのレイヤは，第3.1表に示すような機能と計測項目とからなる．また，この表にはそれぞれの機能を実現するための一般的な計測機器やシステムを示している．

本章では，この中で交通状況監視の車両感知器，気象状況把握のための観測機器，地震計，そして現場状況把握のためのCCTV設備について記述する．

3.2 車両感知器

車両感知器は，道路管理・交通管理を行う上で最も基本的な情報を得る機器として広く使用されている．

車両感知器には，路面に埋設するループ式車両感知器，路側あるいは路上空間に設置する超音波式車両感知器，光学式車両感知器がある．

道路管理・交通管理の初期の段階では，ループ式車両感知器が多く使用されてきたが，路面の摩耗や工事などによる断線などの障害が多いほか，保守上の問題などもあり，市街地では超音波式車両感知器が多く使用されている．

その設置方法によって，ループ式，超音波式のいずれの車両感知器とも，得られる情報が異なる．第3.3図と第3.4図（図はループ式の場合）に示すように，1個の車両感知器の場合には交通量と感知領域に存在する時間が計測でき，進行方向に2個を直列に設置すると交通量と速度が計測できる．

第3.3図　1ループ式車両感知器

第3.4図　2ループ式車両感知器

1個の車両感知器で得られる情報は，次の2種類である．

① 通過交通量：N
② 車両が感知領域に存在している時間：$\triangle t_{i1}$

これらの情報をある測定時間 T ごとに集計した値を用い，次の計算をすることができる．

$$交通量 \quad Q = \frac{N}{T} \tag{3.1}$$

時間平均速度 $\quad \overline{V}_\mathrm{t} = \dfrac{1}{N} \sum \dfrac{l_1 + \bar{l}}{\triangle t_{i1}}$ (3.2)

空間平均速度 $\quad \overline{V}_\mathrm{s} = \dfrac{N(l_1 + \bar{l})}{\sum \triangle t_{i1}}$ (3.3)

密度 $\quad K = \dfrac{Q}{\overline{V}_\mathrm{s}} = \dfrac{1}{T} \cdot \dfrac{\sum \triangle t_{i1}}{l_1 + \bar{l}}$ (3.4)

オキュパンシ $\quad O_\mathrm{cc} = \dfrac{\sum_{}^{Q} \triangle t_{i1}}{T} \times 100 \, [\%]$ (3.5)

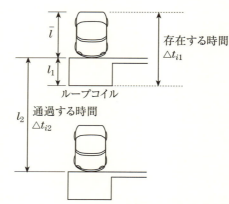

l_1：感知領域の長さ
l_2：2個の車両感知器の先端から先端までの長さ
$\bar{l}$：測定時間 T 内に通過した車両の平均車長
$\triangle t_{i1}$：車両が感知領域に存在している時間
$\triangle t_{i2}$：車両が2個の車両感知器を通過する時間

第3.5図　車両感知器による計測

また，2個の車両感知器で得られる情報は，第3.5図に示すように次の3種類である．
① 通過交通量：N
② 車両が2個の車両感知器を通過する時間：$\triangle t_{i2}$
③ 車両が感知領域に存在している時間：$\triangle t_{i1}$
これらの情報をある単位時間ごとに集計した値を用い，次の計算をすることができる．

交通量 $\quad Q = \dfrac{N}{T}$ (3.6)

時間平均速度 $\quad \overline{V}_\mathrm{t} = \dfrac{\sum V_i}{N} = \dfrac{1}{N} \sum \dfrac{l_2}{\triangle t_{i2}}$ (3.7)

空間平均速度 $\quad \overline{V}_\mathrm{s} = \dfrac{l_2 N}{\sum_{}^{N} \triangle t_{i2}}$ (3.8)

密度 $\quad K = \dfrac{Q}{\overline{V}_\mathrm{s}} = \dfrac{\sum_{}^{N} \triangle t_{i2}}{T l_2}$ (3.9)

3.2.1 ループ式車両感知器

ループ式車両感知器は，路面に埋設されたループコイルのもつ電気的な定数が，金属物体（車両）の接近により変化することを利用して，車両の存在，または通過を感知するものである．

第3.6図に示すように，路面に埋没されたループコイルに交流電流を流しておくと，埋設路面付近には同じ周波数の交流磁界が発生する．この交流磁界中に車両が進入すると，車両の金属物体中の電磁誘導により，渦電流が発生する．

この結果，第3.6図の入力側から見るとループコイルのインピーダンスが変化することになる．また，このような場合にループコイルと車両の間に変成器が構成されると考えてよい．

すなわち，ループコイルを一次巻線とし，二次巻線を車両の金属部分とした場合，一次巻線の抵抗はループコイルの抵抗であり，二次巻線の負荷は車両の渦電流が流れる金属部分の抵抗である．

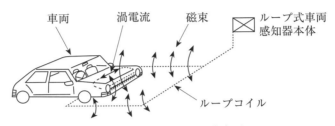

第3.6図　ループコイルと車両

この一次側と二次側はきわめて小さな相互インダクタンスによって結合され，ループコイル上に車両が存在しないとき相互インダクタンスは「0」となる．したがって，車両がループコイルに接近すると，相互インダクタンスが大きくなり，変成器の一次側から見たインピーダンスが変化することになる．

以上の関係を，等価回路で表現すると第3.7図のようになる．

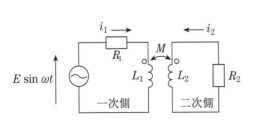

L_1：ループインダクタンス
R_1：ループ抵抗
L_2：渦電流によって形成されるインダクタンス
R_2：渦電流器の抵抗
E：ループに供給される電圧
i_1：ループに流れる交流電流
i_2：渦電流
M：相互インダクタンス

第3.7図　車両が存在したときのループコイルの等価回路

ループコイル上に車両が存在しているときおよび存在していないときでは，電気的な諸定数を変化量としてとらえることができる．

インピーダンスの変化として，

$$\triangle Z = Z_M - Z_0 = \frac{\omega^2 M^2}{R_2^2 + \omega^2 L_2^2} \times (R_2 - j\omega L_2) \tag{3.10}$$

ただし，Z_0：車両が存在しないときのインピーダンス
　　　　Z_M：車両が存在するときのインピーダンス

抵抗の変化分として，

$$\triangle R = \frac{\omega^2 M^2}{R_2^2 + \omega^2 L_2^2} \times R_2 \tag{3.11}$$

リアクタンスの変化分として，

$$\triangle X = \frac{-\omega^3 M^2}{R_2^2 + \omega^2 L_2^2} \times L_2 \tag{3.12}$$

位相の変化分として，

$$\triangle \varphi = -\tan^{-1}\left(\omega \frac{L_2}{R_2}\right) \tag{3.13}$$

が得られる．

このことから，車両感知器の動作原理すなわち，ループコイルの電気的定数の検出には（3.10）～（3.13）式で示される変化量のいずれを利用しても，車両の感知は可能である．

現在使用されているもののほとんどは，（3.12）式で表されるLの変化量を検出する方式である．回路方式に，周波数差方式と位相差方式がある．

周波数差方式は，ループコイルのインダクタンス変化を，ループコイル上に車両が存在するときとしないときの基準周波数（30～100［kHz］で，周波数によりループコイルの大きさや巻数が異なる）の周波数変化を検出する方式であり，位相差方式はループコイルのインダクタンス変化を，周波数差方式と同様に位相差として検出する方式である．

次に，ループ式車両感知器の一般的な動作原理について第3.8図で説明する．

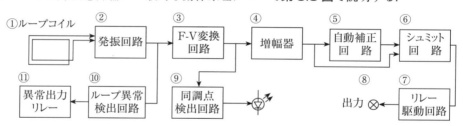

第3.8図　動作原理

① ループコイルは，発振回路のインダクタンスとして働き，30～100［kHz］の交流電流が流れており，ループコイル上に車両が存在するとインダクタンスがわずかに減少する．なお，ループコイルのインダクタンスは環境の変化によっても多少変化する．

② 発振回路は，ループコイルと一体となり，30～100［kHz］で発振する．ループコイル上に車両が存在すると，ループコイルのインダクタンスがわずかに減少するため，発振周波数はわずかに高くなる．

③ F-V変換回路は，周波数を電圧に変換する．これによって車両の存在による発振周波数の増加が電圧の増加に置き換えられる．

④ 増幅回路は，F-V変換回路の出力を必要なレベルまで増幅する．

⑤ 自動補正回路は，環境変化によるループコイルのインダクタンス変化量を取り出し，感知レベル補正用信号として出力する．

⑥ シュミット回路は，④または⑤の出力が感知レベル以上になったときに，車両感知信号を出

力する.

⑦ リレー駆動回路は,感知信号によりリレーを駆動する.
⑧ 駆動されたリレーの接点（無電圧接点）を車両感知信号として出力する.
⑨ 同調点検出回路は,ループコイルが接続されたときのF-V変換回路の出力直流電圧が最適状態になったときに,設定ランプを点灯させる.
⑩ ループコイル異常検出回路は,ループコイルの断線,短絡および発信回路の発信停止を検出して,異常出力リレーを駆動する.
⑪ 駆動された異常出力リレーの接点（無電圧接点）を異常信号として出力する.

3.2.2 超音波式車両感知器

超音波式車両感知器は,超音波ヘッドから超音波パルスを周期的に発射し,この超音波パルスが車両または,路面で反射して再び同じ超音波ヘッドで受波する時間により車両を感知する.

超音波ヘッドで反射波（超音波パルス）を受波するまでの時間を超音波の伝搬時間といい,路面で反射した場合に比べて,車両で反射した場合の伝搬時間が短くなる性質を利用する.すなわち,超音波パルスを発射する周期内の,ある時間帯に受波した反射波のみを取り出して,車両からの反射波と路面からの反射波を識別する.

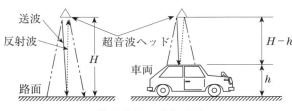

第3.9図 動作原理

第3.9図における,路面および車両によって反射する超音波パルスのそれぞれの伝搬時間の差 $\triangle t$ と,音速 V は,(3.14)〜(3.17)式で表される.

$$t_R = \frac{2H}{V} \tag{3.14}$$

$$t_V = \frac{2(H-h)}{V} \tag{3.15}$$

$$\triangle t = t_R - t_V = \frac{2h}{V} \tag{3.16}$$

$$V = 331\left(1 + \frac{\theta}{273}\right)^{\frac{1}{2}} \tag{3.17}$$

ただし,H：超音波ヘッドの取付高さ [m]
　　　　h：車両の高さ [m]
　　　　V：音速 [m/s]
　　　　t_R：路面で反射された場合の超音波パルスの伝搬時間 [s]
　　　　t_V：車両で反射された場合の超音波パルスの伝搬時間 [s]

$\triangle t$：路面反射波と車両反射波の伝搬時間差［s］

θ：気温［℃］

音速は気温によって変化するため，路面および車両からの反射波の伝搬時間も気温によって変化する．そのため車両からの反射波と路面からの反射波を識別するためのゲートパルスを使って温度補償を行っている．

路面からの反射波と，車両からの反射波を確実かつ安定して識別するために，路面からある高さまでを感知対象領域外とするようゲートパルスに余裕を見込んでいる．

感知対象とする高さには，軽自動車の最低車高より低い50［cm］が使用されている．これによりゲートパルスが第3.10図に示すように設定され，ゲートパルスが「H」の状態になっている時間帯に超音波パルスを受波すると感知状態となる．

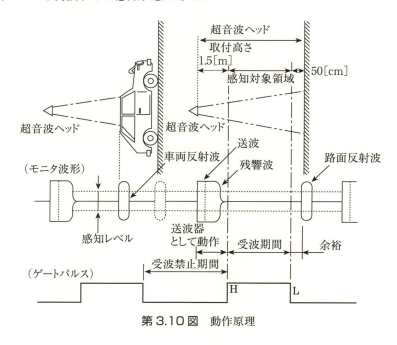

第3.10図　動作原理

次に，超音波式車両感知器の動作原理について第3.11図を例に説明する．

① バースト周期，バースト幅発生回路では，幅2［ms］の定周期（45〜85［ms］）パルスを

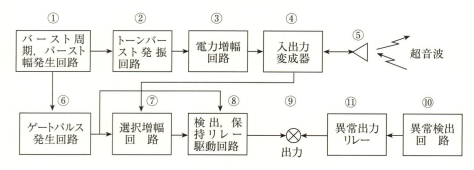

第3.11図　動作原理

発生させる．
② トーンバースト発振回路では，19［kHz］の正弦波を①で発生したパルスで変調する．
③ 電力増幅回路では，②の変調波を電力増幅し，超音波ヘッドを励振させる．
④ 入出力変成器は送波電気信号を超音波ヘッドへ送り，超音波ヘッドが受けた受波音を電気信号として取り込む．
⑤ 超音波ヘッドは電気・音響変換を行う．
⑥ ゲートパルス発生回路は，選択増幅回路で増幅された反射波のうち，必要な反射波を感知するためのゲートパルスを発生する．
⑦ 選択増幅回路では，反射波の19［kHz］成分を増幅する．
⑧ 車両からの反射波より，感知状態を確認すると一定時間出力リレーを保持し，反射波の脱落をカバーする．
⑨ 駆動された異常出力リレーの接点（無電圧接点）を異常信号として出力する．
⑩ 異常検出回路では，超音波ヘッドの異常を検出する．
⑪ 駆動された異常出力リレーの接点（無電圧接点）を異常信号として出力する．

都市内高速道路では，美観上，路側からパルスを発射する方式（サイドファイア型）も採用されている．動作原理は，上記と同様である．

3.2.3 光学式車両感知器（近赤外線式車両感知器）

(1) 概　要

近赤外線式車両感知器は，車線上にオーバーヘッドで設置した投受光器から近赤外線を車線上に投射し，当該車線を走行する車両で反射された反射光を受光して車両を検出する反射光検出方式の感知器である．

第3.2表に近赤外線式車両感知器の主な仕様を示す．本器の特徴として，1台の投受光器で走行車両の「車長」，「車高」および「車高の平坦性」を検知し，4車種（乗用車，小型貨物，大型貨物，バス）に分類するとともに，単位時間当たりの平均速度を計測することが可能である．

従来の4車種判別型車両感知器（超音波送受器とループコイルを組合わせた方式）と比較して，道路面へのループコイル埋設が不要であるため，施工性および保守性に優れている．

第3.2表　光学式車両感知器（近赤外線式車両感知器）の主な仕様

感知方式	車両による赤外線反射レベルおよび位相差検出方式
感知対象車両	軽自動車以上
車両感知	最大6車線（投受光器6台分を制御機に接続可能）
感知可能速度	4～120［km/h］以上
投受光器設置高さ	5.5［m］（標準）

(2) 機　器

第3.12図に近赤外線式車両感知器の設置イメージを，第3.13図に投受光器外観を示す．近赤外線式車両感知器は，1車線に1台，オーバーヘッドで設置し，近赤外線光を2方向に投射して，その反射光により車両検知，車種判別および速度検知を行う方式であり，投受光器と制御機により構成される．

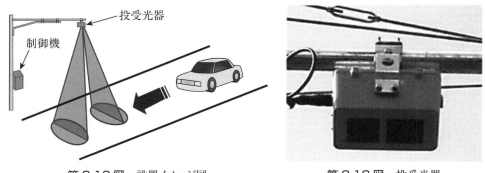

第3.12図　設置イメージ図　　　　　第3.13図　投受光器

3.2.4　画像センサ（イメージセンサ）[1]

（1）　画像センサの特徴

　CCTVなどを例とする画像センサは，一般的には画像データを取得するためのセンサであり，コンピュータが演算可能なデジタル画像を得るためのデータ入力装置と考えることができる．他のセンサに比べると，画像センサによって収集できる情報の種類は際立って多様かつ多彩である．さらに赤外線カメラなどを利用することにより，人間の視覚では知覚できないものまでその対象を広げることが可能である．

　他の車両感知器と比較して画像センサが有利な点を列挙すると次のようになる．
- ・他の車両感知器よりマクロな情報の収集が可能．
- ・ソフトウェア（画像処理アルゴリズム）による処理が主体なので，柔軟性のあるシステムにできる．

（2）　車群・交通流の計測

　画像センサでは一般に車両の進行方向と道路横断方向にある長さを有する計測領域を設定し，この範囲で車両の計測を行う．このため，他の車両感知器が設置地点での断面計測を特徴とするのに対して，画像センサの特徴としては以下のものがあげられる．
- ・他の車両感知器よりも広範囲な領域で車両が検出できる．
- ・複数車線の同時計測が可能である．
- ・計測結果を直接映像で確認することができる．

　これらの特徴から，画像センサは，車線をまたがって走行する車両が多いなど，他の車両感知器では不得手とされてきた地点でも，交通量や速度の計測が可能である．また，他の車両感知器では計測できない次のような交通流パラメータを計測することが可能である．
- ・渋滞末尾位置
- ・空間密度
- ・停止車両の検出
- ・車線変更車両の検出

　画像センサによる計測においては，センサであるカメラの設置条件や種々の環境条件が計測結果に影響を与えるため，次のような技術的課題がある．

・天候や時間帯による環境変化
・車両の重なり

これらの課題に対しては，画像処理アルゴリズムの改善が継続的になされてきており，現在では実用化レベルに達している．

画像センサに用いられる映像は，カメラの設置高さや張り出し長さ，俯角などの設置条件，レンズ仕様などにより異なるが，使われる映像は次のように大きく二つに分類できる．

・俯角が大きく，カメラ位置の近くを撮像した画像
・俯角が小さく，カメラ位置から遠方を撮像した画像

各々の画像のイメージを第3.14図に示す．

(a) 俯角大　　　　　　　　　　　　　　　(b) 俯角小

第3.14図　カメラ映像のイメージ

第3.14図(a)は，車両を真上から見たものであり，視野は狭くなるが，連なった車両が分離して見えやすいという点で有利である．この点で，他の車両感知器の機能（交通量計測）を包含する条件であるといえる．

一方，第3.14図(b)は，奥行き方向に視野が広いため，(a)図に比べてより多くの車両を同時に撮像できるほか，遠方の車両も撮像できる．反面，画像上で車両の重なりが発生する頻度は(a)図よりも多くなる．画像センサの設置条件を決定するにあたっては，設置場所に依存する制約や，監視と共用するか否かなどの条件に加えて，計測目的も考慮して最適な画角を選定することが望ましい．以上をまとめると第3.3表のようになる．

第3.3表　カメラ俯角による計測の相違点

	俯角	特　徴	目　的	計測パラメータ
(a)	大	視野（奥行）狭い→計測領域小さい，車両が分離しやすい	交通流計測向き，停止・駐車車両	交通量，車種，速度
(b)	小	視野（奥行）広い→計測領域大きい，車両が重なって見えやすい	交通流監視向き	上記の他，異常交通流検知，渋滞末尾位置，空間密度

画像センサによる計測では，映像から画像を切り出し，各種の画像処理アルゴリズムを用いて車両を抽出する．この結果をさらに処理して，車群の計測や交通流の各種パラメータを算出している．

基本的な画像処理手法としては，背景差分方式，時間差分方式（フレーム間差分方式），空間微分方式などが代表的なものであり，以下にそれら方式の概要を述べる．

3.2　車両感知器

背景差分方式：あらかじめ背景画像を作成し，入力画像と背景画像との差分処理結果から車両や車群を抽出する方式である．

時間差分方式：一定周期で画像を取り込み，今周期画像と前周期画像との差分処理を繰返すことによって，移動車両を抽出する方式である．

空間微分方式：入力画像を微分処理して得られたエッジ部分の解析を行い，車両や車群を抽出する方式である．

　実際の画像処理では，上記の各方式がそれぞれ単独で用いられることは少なく，各方式の特徴を踏まえて補完的に組合わされることが多い．例えば，時間差分方式と空間微分方式，背景差分方式と空間微分方式などである．さらに，パラメータ算出では，各々の方式による結果をニューラルネットワークに入力して車両・車群を計測する方法等，様々な検討が進められている．

3.3　気象観測設備

3.3.1　気象観測計

（1）　概　要

　本設備は道路路肩付近に設置し，道路沿道の代表的な気象現象を把握する他，気象急変地区，視程障害対策地区，雪氷対策地区など，局地的な気象現象を把握するのに使用する．

　気象観測計は道路構造物や車両走行の影響が極力無い場所に設置され，第3.15図のように集合柱に必要に応じて複数のセンサ（この例では気温計，雨雪量計，風向風速計，降水検知器，視程計）が取り付けられている．なお気象観測設備の各種センサには，計測した数値データ等の観測結果を公に利用する目的から，気象測器としての気象庁検定に合格したものを使用することとしている（気象業務法　気象測器検定規則）．都市内高速道路では，高架区間が多いことから風向風速計や凍結検知のための路温計を中心に設置されている．

第3.15図　気象観測設備　設置例（新東名高速道路清水PA付近）

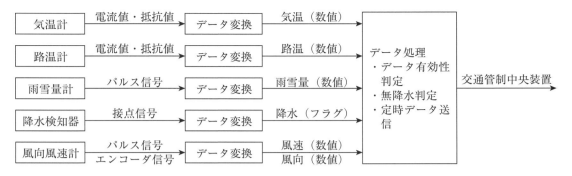

第3.16図 システム構成の例（NEXCO）

第3.4表 気象データの種別と形式の例（NEXCO）

データ種別	データ名	単位	データ形式
気温	気温	℃	実数（小数1桁）
	区間最高温度	℃	実数（小数1桁）
	区間最低温度	℃	実数（小数1桁）
路温	路温	℃	実数（小数1桁）
	区間最高温度	℃	実数（小数1桁）
	区間最低温度	℃	実数（小数1桁）
雨雪量	連続降水量	mm	実数（小数1桁）
	時間降水量	mm	実数（小数1桁）
	日降水量	mm	実数（小数1桁）
	任意時間降水量	mm	実数（小数1桁）
	降り始め日付	年月日	日付データ
	降り始め時刻	時分	時刻データ
	降り終わり日付	年月日	日付データ
	降り終わり時刻	時分	時刻データ
降水検知	降水検知		False(0), True(1)
風向風速	瞬間風向	方位	風向16方位データ
	平均風向	方位	風向16方位データ
	瞬間風速	m/s	実数（小数1桁）
	平均風速	m/s	実数（小数1桁）
視程	1分間視程	m, %	整数

各種センサからなる気象観測計から出力される電気信号は，データ変換により数値化され，データ処理後，交通管制中央装置に送信される．東・中・西日本高速道路（以下，NEXCO）のシステム構成の例を第3.16図に，取り扱うデータ種別およびデータ形式の例を第3.4表に示す[2]．

(2) 気温計・路温計
(a) 気温計

通風シェルターに収納した白金測温抵抗体の温度変化に伴う抵抗変化を検出することで連続的に外気温度を測定する．常時通風ファンにより通風することで，限られた設置条件での計測を可能にしている．第3.5表に気温計の主な仕様[3]を，第3.17図に気温計の外観を示す．

第3.5表 気温計の主な仕様

測定方式	強制通風式
測温体	白金測温抵抗体（pt100［Ω］at 0［℃］：温度変化に伴う抵抗変化を用いる）
測定温度範囲	－50 ～ ＋50［℃］以内
測定精度	JIS C 1604（A級品）
通風速度	約 5 ～ 7［m/s］
構　造	内外二重円筒間に断熱材を封入 外形寸法横幅 φ140［mm］　高さ 350［mm］（突起物は除く）

第3.17図　気温計

(b)　路温計

　道路表面の凍結予測を目的に設置する．路温計には白金測温抵抗体を収容したブロック状の筐体を路面に埋設する接触式と，赤外線を用いて路面の表面温度を計測する非接触式がある．第3.6表に路温計の主な仕様[4]を，第3.18図に路温計（非接触式）の外観を示す．

第3.6表　路温計の主な仕様

	接触式	非接触式
測定方式	白金測温抵抗体の抵抗値の変化	基準放射源比較方式
測定温度範囲	－50 ～ ＋100［℃］	－20 ～ ＋70［℃］
測定精度	JIS C 1604（A級品）	±0.5［℃］（ただし，－10 ～ ＋10［℃］とし，これ以上は ±1.5［％］FS）
検出部	白金測温抵抗体（保護管材質 SUS304）	サーモパイルまたは焦電形赤外線検出素子

第3.18図　路温計（非接触式）

(3)　雨雪量計

　大雨，降雪等における通行規制の指標として時間雨量等の計測に用いられる．原理は，雨水を受水口から取り入れ，筐体内にある転倒マスに集水し，転倒マスが転倒することによりパルス信号を発生し，このパルス信号をカウントすることにより，連続雨量を計測する．降雪の場合は，ヒータ熱により融雪して同様に計測する．第3.7表に雨雪量計の主な仕様[3]を，第3.19図に雨雪量計の外観を示す．

第3.7表　雨雪量計の主な仕様

測定方式	転倒マス
受水口径	200 [mm]
転倒雨量	0.5 [mm/1転倒]，または1.0 [mm/1転倒]
測定精度	20 [mm] 以下　±0.5 [mm] 以内 21 [mm] 以上　±3 [%] 以内
融雪ヒータ	設置場所により降雪等を溶かすヒータを内蔵

第3.19図　雨雪量計

(4) 降水検知器

本装置は降り始めと降り終わりを検知するものである．原理は，電極部に付着した降水により電極が短絡することを利用している．第3.8表に降水検知器の主な仕様を示す．

第3.8表　降水検知器の主な仕様

検出方式	電極短絡電流方式
感度	$\phi 0.5$ [mm] の雨滴が付着するとメーク
出力信号	無電圧メーク接点

(5) 風向風速計

道路上の強風および横風等の通行規制の指標として観測するもので，大気の流れ，風の流れる方角を計測する．風向は風向風速計（発信器）の尾翼の回転方向から光電エンコーダにより検出，風速はプロペラの回転から光電パルス信号を検出することで求められる．最近では，可動部がなくメンテナンスフリーな超音波式風向風速計も採用されている．第3.9表に風向風速計の主な仕様[3]を，第3.20図にプロペラ・尾翼型風向風速計の外観を，第3.21図に超音波式風向風速計の外観を示す．

第3.9表　風向風速計の主な仕様

	プロペラ・尾翼型風向風速計	超音波式風向風速計
測定方式	風向：尾翼〜光電エンコーダ式 風速：プロペラ〜光電パルス式（ブラシレス）	超音波を用いて風速ベクトルの和と角度成分から風向風速を検出
測定範囲	風向：0〜360° 風速：0〜60 [m/s]	風向：0〜360° 風速：0〜75 [m/s]
精度	風向：±3° 以内 風速：10 [m/s] 以下　±0.3 [m/s] 　　　10 [m/s] 超過　指示値の±3 [%] 以下	風向：±5° 以内 風速：6 [m/s] 以下　±0.3 [m/s] 　　　6 [m/s] 超過　指示値の±5 [%] 以下

第3.20図　プロペラ・尾翼型風向風速計　　　第3.21図　超音波式風向風速計

3.3.2　視程計[5]

(1) 概要

視程計は，光学的な装置によって測定した結果を，目視の視程値に換算することにより，視程を自動計測する装置である．機械的に測定した視程値を，一般に目視による視程値と区別して気象光学的距離（MOR：Meteorological Optical Range）と呼び，両者はほぼ同義に扱われる．

MORとは，色温度2700［K］の白熱灯の平行ビームが，大気によって散乱・吸収され，その光束が5［%］まで減ずる距離をいい，人間の目による視程観測値（昼間）に非常によく一致している．視程そのものを機器により直接計測することはできないが，このMORを計測することにより，視程を客観的に表すことができる．

MOR P［km］は次式で与えられ，任意の基線長 x と透過率 T から算出することができる．

$$P = \frac{x \log_e 0.05}{\log_e T} \tag{3.18}$$

ここで，x：光源からの距離［km］　　　e：自然対数の底（= 2.71828…）
　　　　T：透過率（= F/F_0）　　　　　F_0：$x=0$ における光束［lm］
　　　　F：x における光束［lm］

視程計は，大きく「透過率計（VI計）」と「散乱式視程計」の2種に分けられ，「散乱式視程計」はさらに「前方散乱方式視程計（FS計）」と「後方散乱方式視程計（BS計）」の2種がある．

(2) 各視程計の原理と特徴

(a) 透過率計

第3.22図に透過率計（VI計）の概念図を示す．投光器からの出力光を数百［m］離れた場所に置いた受光器で受け，元の強さに対する比（透過率）を求め，これを視程に換算する．原理がシンプルで，目視視程の測定に最も近い計測方法であるが，広い設置場所を必要とする．第3.23図に透過率計（VI計）の外観を示す．

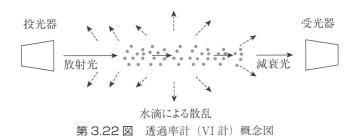

第3.22図　透過率計（VI計）概念図

(a) 投光器

(b) 受光器

第3.23図　透過率計（VI計）

(b) 前方散乱方式視程計

　第3.24図に前方散乱方式視程計（FS計）の概念図を示す．水滴によって散乱する光を検知して，視程値を算出するものである．第3.24図に示すように，投光器から適度な角度で光を放射し，サンプル空間において，水滴により散乱した光を受光器で計測することにより，間接的に視程値を算出する．この方式は，サンプル空間が小さくでき，かつ安価，小型軽量である．第3.25図に前方散乱方式視程計（FS計）の外観を示す．

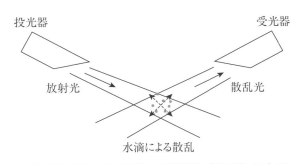

第3.24図　前方散乱方式視程計（FS計）概念図　　第3.25図　前方散乱方式視程計（FS計）

(c) 後方散乱方式視程計

　第3.26図に後方散乱方式視程計（BS計）の概念図を示す．一般に投光器と受光器が同一筐体内に収められている．前方散乱方式と同様，サンプル空間における水滴により散乱する光を測定して視程値を算出するものである．前方散乱方式との違いは，投光ビームの進行方向に対して反対（視

3.3　気象観測設備

程計に向かう方向)に散乱した光を測定することと,サンプル空間が大きいことである.このため,視程計前方のクリアランスを十分に確保する必要がある.

前方散乱方式に比べ粒子径により散乱光の状態に影響を受けやすいため,細かい靄,極端に大粒の雨滴等では精度が劣ることがある.霧や吹雪の視程障害の観測用に使用されることが多い.第3.27図に後方散乱方式視程計 (BS 計) の外観を示す.

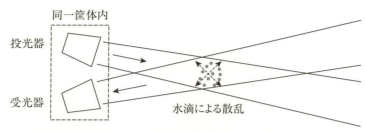

第3.26図　後方散乱方式視程計 (BS 計) 概念図

第3.27図　後方散乱方式視程計 (BS 計)

3.3.3　積雪計

(1)　超音波式積雪深計

(a)　概　要

積雪面に向けて超音波パルスを発信し,雪面で反射して戻ってくるまでの伝播時間により積雪深を測定するものである.

(b)　機　器

第3.28図に超音波式積雪深計の機器構成図を示す.超音波は音波のため気温により音速が変化する.このために,音波の発信される近傍で気温を計測し,音速の補正を行っている.

路面積雪を測定する場合は車両が直下を通行するため,地上高50 [cm] 以上から反射してくる超音波は車両とし,50 [cm] 以下の部分を積雪として計測している.第3.10表に超音波式積雪

第3.28図　機器構成図

深計の主な仕様を示す．また，第3.29図に機器設置状況を，第3.30図に装柱図を，第3.31図に超音波送受器を，第3.32図に温度センサを示す．

第3.10表　超音波式積雪深計の主な仕様

測定範囲（路面積雪）	0〜50［cm］
測定範囲（自然積雪）	0〜500［cm］
測定精度	±1［cm］（標準反射体にて）
センサ設置高さ	5〜6［m］

第3.29図　機器設置状況

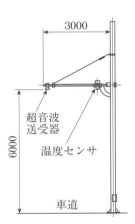
第3.30図　装柱図

第3.31図　超音波送受器

第3.32図　温度センサ（音速補正用）

(2)　レーザ式積雪深計

(a)　概　要

レーザ光を積雪面に向けて照射し，積雪面から反射して戻ってくるレーザ光の位相差により積雪深を計測するものである．

(b)　機　器

検出範囲はスポット的ではあるが，斜め方向からの反射波の検出が可能であるため張り出しアームは不要となる．なお，レーザ光を使用するため，設置場所によっては，人感センサにより人の体温を検出した場合はレーザ光の発射を停止する機能を付加している．第3.11表にレーザ式積雪深

計の主な仕様を示す．また，第3.33図に測定イメージを，第3.34図にレーザ式積雪深計の外観を示す．

第3.11表　レーザ式積雪深計の主な仕様

測定方式	レーザ距離計により投光器から反射面までの距離を測定
測定範囲	0～5 [m]
精　　度	±1 [cm] 標準反射板による
設置角度	20～30°

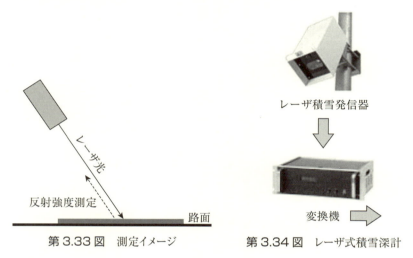

第3.33図　測定イメージ　　　第3.34図　レーザ式積雪深計

3.3.4　路側設置式路面凍結検知センサ

（1）概　要

路側帯から発射した赤外光の反射レベルにより水分を検知し，路面状態の判定を行う．車線上にアームを張り出す必要がなく，施工性，既設の支柱・電柱の有効利用および景観への配慮などを実現した方式である．

（2）機　器

第3.35図に路側設置式路面凍結検知センサの機器構成例を示す．路面温度，水分，気温を自動計測して，路面状態（乾燥・湿潤・凍結・積雪）を判定する．計測データは，道路管理において，凍結による通行車両への注意喚起，薬剤散布の有無判断を行う基礎データ，統計処理用データなどの用途に利用される．第3.12表に路側設置式路面凍結検知センサの主な仕様を示す．また，第3.36図に機器設置状況を，第3.37図に外観を示す．

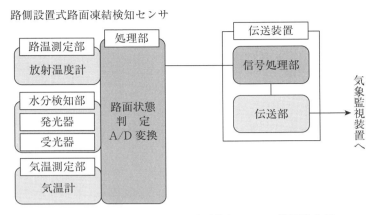

第 3.35 図　路側設置式路面凍結検知センサの機器構成例

第 3.12 表　路側設置式路面凍結検知センサの主な仕様

気温計測	−20 〜 +80 ［℃］（白金測温抵抗体 JIS C 1604：A 級品）
路温計測	−20 〜 +80 ［℃］（サーモパイル方式）
路面温度計測精度	±0.5 ［℃］（対象温度 0 ［℃］，周囲温度 25±3 ［℃］の場合）
路面状態出力	乾燥・湿潤・凍結・積雪の 4 状態

第 3.36 図　機器設置状況

第 3.37 図　路側設置式路面凍結検知センサ

3.3.5　地震計

(1)　概　要

　震度は，かつては体感による観測を基本としていた．平成 8 年以降から機器により観測されている．地震計とは，地震動すなわち地震による地面の揺れ（振動）を計測するものである．

　地震による地面の振動と一口に言っても，人間にまったく感じない微小地震クラスでは振幅が 0.001 ミクロン（μm）レベル，振動数は数十［Hz］程度なのに対し，巨大地震による地震動では振幅が 2 〜 3［m］，周期は数十秒に達する．このように，地震動の振幅および周波数の範囲はきわめて広いため，観測対象に応じて，目的に合った性質の地震計が使用される．

　その種類として，高感度地震計，広帯域地震計，強震計の 3 種がある．道路管理用としては，非常に強い揺れまで記録することができる強震計が使用されている．

　地震計は地面に設置され，地面の揺れを「振子の原理」を用いて計測する．地震計で記録できる振動の目安は，その振子自身を自由に振らせたときの振動周期，すなわち固有周期である．長さ l

をもつ単振子の固有周期 T は，重力加速度 g（$= 9.8\,[\mathrm{m/s^2}]$）として，

$$T = 2\pi\sqrt{\frac{l}{g}} \tag{3.19}$$

で表される．例えば $l=6\,[\mathrm{cm}]$ なら $T \simeq 0.5\,[\mathrm{s}]$，$l=25\,[\mathrm{cm}]$ なら $T \simeq 1\,[\mathrm{s}]$，$l=1\,[\mathrm{m}]$ なら $T \simeq 2\,[\mathrm{s}]$ であり，振子はこの T よりも短い周期の振動に対しては地面の変位に等しい振れを，また T よりも長い周期の振動に対しては地面の加速度に比例する振れを示す．

　加速度は建築物等に加わる力に関係する量であり，強震計では非常に短い固有周期を持った振子を用いて，対象地震動の加速度を計測している．一方，高感度地震計は固有周期が1秒前後，広帯域地震計は固有周期が数十秒程度の振子を用いている．

　地面の揺れ方には，東西，南北，上下の3通り（X・Y・Z軸）ある．これらを忠実にとらえるため，実際の地震観測では3台の地震計をセットとして用いる．

　地震計は機械式から始まったが，現在では，振子の部分に細い電線を多数回巻いてコイルを形成し，これを永久磁石の作る磁場の中で動かすことによって，地面の動きを電気信号（X・Y・Z）に変換している．

(2)　最大加速度（単位：gal または $\mathrm{cm/s^2}$）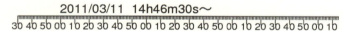

　加速度は地震による地面や構造物の揺れの大きさを表す指標で，地震が起きると第3.38図のような加速度の波形が観測できる．最大加速度は，図に示すように加速度の最大値のことをいう．

　なお，震度は観測された波形から計算によって求められるため，最大加速度のみでは求めることはできない．

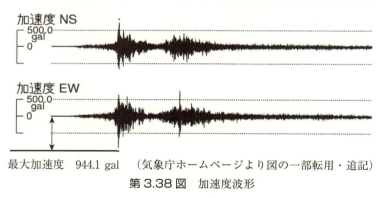

最大加速度　944.1 gal　（気象庁ホームページより図の一部転用・追記）

第3.38図　加速度波形

(3)　震度（計測震度）

　地震情報などにより発表される震度階級は，観測点における揺れの強さの程度を数値化した計測震度から換算される（第3.13表）．

第3.13表　震度階級

計測震度	震度階級	計測震度	震度階級
0〜0.4	震度0	4.5〜4.9	震度5弱
0.5〜1.4	震度1	5.0〜5.4	震度5強
1.5〜2.4	震度2	5.5〜5.9	震度6弱
2.5〜3.4	震度3	6.0〜6.4	震度6強
3.5〜4.4	震度4	6.5〜	震度7

計測震度は，震度計内部で以下のようなデジタル処理によって計算される．

① デジタル加速度記録3成分（水平動2成分，上下動1成分）のそれぞれに，フーリエ変換・フィルタ処理（地震波の周期による影響を補正するフィルタ）・逆フーリエ変換を行う．

② 得られたフィルタ処理済みの記録3成分から，ベクトル波形を合成する．

③ ベクトル波形の絶対値がある値 a 以上となる時間の合計を計算したとき，これがちょうど0.3秒となるような a を求める．

④ この a から $I = 2\log a + 0.94$ により計測震度 I を計算する．

(4) SI値（単位：kine または cm/s）

地震の強さを表す計測震度以外の指標としてSI（Spectral Intensity）値がある．それは，地震によって一般的な構造物がどれくらい大きく揺れるかを表す指標である．SI値が大きいほど，構造物は大きく揺れることになり，被害が起こりやすくなる．なお，震度もSI値も観測された波形から計算により求められるが，計算式が異なるため厳密には比較できない．おおよその目安を第3.14表に示す．

第3.14表　震度・最大加速度・SI値関係表

震度階級	最大加速度［gal］	SI値［kine］
震度4	40〜110程度	4〜10程度
震度5弱	110〜240程度	11〜20程度
震度5強	240〜520程度	21〜40程度
震度6弱	520〜830程度	41〜70程度
震度6強	830〜1500程度	71〜99程度
震度7	1500程度〜	−

3.4　CCTV設備

(1) 概　要

本システムの目的は，道路上をCCTVで撮影することによって，路面状況や道路周辺状況などを監視し，映像情報の共有化を図るものである．

CCTVは，主にAA級（10.3節参照）の長大トンネルや事故多発地点，冬季の凍結・降雪地域，海岸線や峠等の要監視地点に設置される．

CCTV映像は，通信ネットワークを経由して事務所等のモニタに出力され，管制員の監視業務に

使用される．

（2） 構 成

CCTV設備は，CCTV，通信ネットワーク，CCTV制御装置，操作卓およびCCTVモニタから構成される（第3.39図）．

操作卓では，複数のCCTVから任意のカメラ映像を選択して，CCTVモニタへ表示する．また，カメラ制御（ズーム，パン，チルト）を行うことで任意の角度と拡大率で対象物を表示することができる．

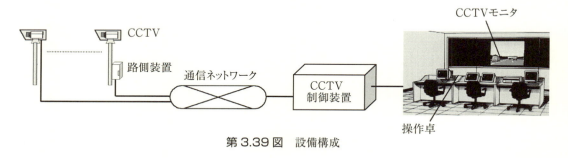

第3.39図　設備構成

（a） CCTV

CCTVは，撮像部（カメラ本体），レンズ，ケース，雲台，支柱および路側装置から構成される（第3.40図）．

撮像部の受光素子には，CCDやCMOSが一般的に用いられている．また監視用途では，可視光カメラが広く用いられているが，夜間無照明での撮影が可能な赤外線カメラが採用される場合もある．

ケースはカメラ本体を自然環境下で使用するためのものであり，防塵や防雨などの対策が施されている．また，状況に応じてワイパー，ヒータ，デフロスタ等が実装されている．

雲台は，固定式と可動式があり，可動式はパン，チルトを行う．

路側装置には，雲台の可動やワイパーなどの制御を行う制御部と，映像信号を外部へ出力する伝送部および電源部が実装されている．

近年は，LANに接続できるネットワーク型のカメラが使われるようになってきている．

（b） CCTV制御装置

CCTV制御装置は，道路上のCCTVからの映像受信と制御（カメラ制御，ワイパー制御など）を行う．小規模システムはCCTV制御装置の代わりにPCで行う場合がある．

（c） 映像の伝送

映像通信では，通信距離や使用ケーブル等の条件によっても通信方式が異なる．また，構内や比較的短距離の場合には同軸ケーブルを用いる場合が多いが，数kmを超えるような遠距離の場合には光ファイバケーブルが多く用いられている．

ICT（Information and Communication Technology）の進展に伴って，映像の通信方式は大きく変化している（第6章参照）．

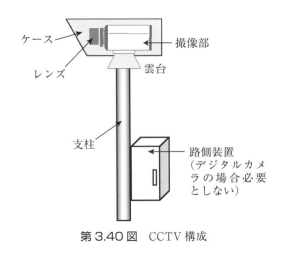

第 3.40 図　CCTV 構成

3.5　まとめ

車両感知器，気象観測設備そして CCTV 設備について記した．

車両感知器は，交通工学上で定義された Q, V, Occ という交通諸量を計測するものである．そのため，車両感知器から得られるデータを利用するには工夫がいる．その目的によって様々な加工方法がある．例えば，従来行われている渋滞情報の提供では，交通管制システムとして，どのような情報提供サービスをするか，また，どの水準（サービスレベル）で行うかによって，車両感知器より得られるデータの加工方法，車両感知器の設置間隔が異なってくる．データ処理の最小単位を 1 分とするか，2.5 分とするか．センサは，出入口間に 1 セット設置するか，500［m］間隔で設置するか等である．これらは高速道路会社が運用面を踏まえて選択することになる．

また，旅行時間の提供であれば，プローブカーデータを使う方がいい場合もあり得る．OD 計測であれば ETC データを活用して精度の高い情報が得られるものと思われる．

参考文献

(1)　「知的交通計測」，電気学会技術報告，第 512 号，pp.20-22（1994-09）
(2)　「気象観測設備標準仕様書　施仕第 13109 号」，高速道路総合技術研究所，施設資材仕様書集（電気）自家発電設備標準仕様書低圧用他（2014）
(3)　日本エレクトリック・インスルメント：「総合カタログ 45th」（2013）
(4)　横河電子機器ホームページ：「気象観測機器」，http://www.yokogawa.com/jp-ydk/ie/env/meteo/index.htm（2014-03）
(5)　三村俊介：「視程計の実用性に関する調査研究」，海上保安庁，平成 18 年度研究成果報告書（抄録）http://www.kaiho.mlit.go.jp/syoukai/soshiki/soumu/seika/h18/h18_01.pdf（2006）

第4章 処理系

4.1 概要

　交通管制システムの処理系は，道路上のセンサから収集した情報を，あらかじめ決められたソフトウェアで交通管制上必要とする情報処理を実行する．その大きな目的は都市間高速道路，都市内高速道路ともに，道路利用者に対して適切な交通情報を提供し，交通事故や渋滞などの交通障害を未然に防ぐことによって，安全で円滑，快適な道路交通を実現することである[1]．具体的には，収集系である車両感知器や気象観測設備などの端末から様々な交通状況を入力とし，入力した交通データをもとに各種処理・加工して情報提供内容を生成・管理する．また，生成した交通情報を提供系である道路情報板，ハイウェイラジオ，VICS，情報ターミナルなどに渡す．

4.2　交通管制システムにおける処理系の位置付け

　交通管制システムは，第4.1図に示すように高速道路上に設置した車両感知器など道路上のセンサから情報を収集して，コンピュータを中心とした処理系で必要な処理を行って，交通情報を提供している．
　処理系は，高速道路上のセンサから収集した交通量，速度，オキュパンシのデータを渋滞箇所，渋滞長，渋滞の程度（渋滞度），渋滞箇所の通過時間等に変換処理し，この処理情報を道路情報板，ハイウェイラジオ，VICS，情報ターミナル，インターネットなどの提供系設備に渡す役割を持つ．
　高速道路は重要な社会インフラであることから，24時間365日連続での運用を前提にシステムを構築している．そのため，処理系にも連続運転を実施するために高い信頼性を有するハードウェア，ソフトウェアが導入されている[2]．

4.3　交通管制の特徴

　日本列島を縦横断した都市間高速道路は人員輸送，物資輸送や商用交通の主要幹線として整備されており，都市内高速道路網と連結し道路ネットワークを構成している．広範囲に道路ネットワークを形成する都市間高速道路と大都市に集中して道路ネットワークを形成する都市内高速道路とでは，交通管制のあり方も異なっている．ここでは，それぞれの交通管制の特徴について述べる．

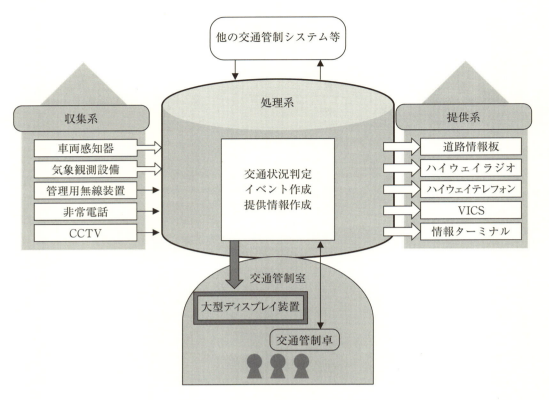

第4.1図 交通管制システムの構成

4.3.1 都市間交通管制の特徴

(1) 都市間高速道路の特徴

都市間高速道路の特徴としては以下の2点があげられる．

① 道路延長およびIC区間（およそ10［km］）が長いことから，その区間での環境の変化が多く，気象や交通状況の急激な変化が発生する．

② 都市近郊においては，交通集中による渋滞や路線が交わるJCT部を始点とする恒常的な交通渋滞が発生する．

(2) システムの特徴

① 大都市間を連結した高速道路ネットワーク管理のため，各地区の交通管制システムにより連携（隣接局情報交換）を図った運用がされている．

② 都市間高速道路ネットワーク管理の情報一元化を図るため，全国の情報を集約している．

③ トンネル防災システム，設備監視システムや隣接する他機関（警察，消防，国土交通省，他道路管理会社など）との情報交換を行い，管制業務の効率化を図っている．

④ 渋滞検知の自動化を行っており，約2［km］ごとに設置された車両感知器から交通量，速度，オキュパンシを収集し，速度を基礎とした渋滞判定およびその結果から所要時間を算出している．

⑤ 交通状況は時々刻々変化し，交通集中による渋滞の発生や解消，事故による渋滞の延伸，気象の変化等に対して，適切に情報を提供できるように5分周期で情報処理と情報提供を行っている．

⑥ 道路の特殊性，地域性（重交通，気象が変わりやすい，重雪氷地域，霧多発地域等）に応じた機能を実現している．

⑦ 交通管制室は高速道路会社による交通情報の共有を目的として，大型表示装置にリアルタイムの道路状況を表示している．近年の大型表示装置は複数面のディスプレイを組み合わせて構成することで，視認性の確保や管理路線全体の把握を可能にしている．第4.2図に中日本高速道路（以下，NEXCO中日本）名古屋支社の交通管制室を示す．

第4.2図　NEXCO中日本名古屋支社の交通管制室

都市間高速道路での交通管制は，このような特徴をふまえ，交通障害となり得る道路状況の収集と把握，道路利用者に対する遅れのない正確な情報提供，交通規制など，広域的にかつ都市内高速道路も含めて一元的に行う必要があり，交通管制室を中心に運用されている．

4.3.2　都市内交通管制の特徴

都市部においては道路を建設できる用地に限りがあり，道路構造上車線数も少ないため，都心への交通集中による渋滞の恒常化や交通事故による渋滞の影響が大きい．このため，都市内交通管制システムでは，渋滞緩和を目指した情報提供が主要な目的となっている．以下に首都高速道路，阪神高速道路，名古屋高速道路を中心に都市内高速道路の交通管制の特徴について述べる．

（1）都市内高速道路の特徴

都市内高速道路の特徴としては以下の4点をあげることができる．
① 複雑な道路網であり，迂回経路は多数存在する．
② 大部分が片側2車線しかないため，交通事故等による車線減少の影響は大きい．

③ 交通量が多いため，道路交通状況の変動が激しく，発生した渋滞は急速に拡大しやすい．そのため，道路利用者が期待する所要時間や円滑な走行を阻害しやすい．
④ 都心環状線への交通集中による渋滞や路線が交わる JCT 部を始点とする渋滞が恒常的に発生する．

(2) システムの特徴

システム全体を統括する機能を一箇所に集中し，交通情報の収集，処理，提供など各地区で運用機能を分散する機能集中・運用分散方式でシステム構築を行い，運用の機動性とコスト縮減・保守の効率化を実現している．

① トンネル防災システム，設備監視システムや隣接する他機関（警察，消防，国土交通省，他道路管理会社など）との情報交換を行い，管制業務の効率化を図っている．
② 本線上および入出路に設置した車両感知器からの情報をもとに交通量，速度，オキュパンシを計測して渋滞判定や所要時間を算出し，自動的に渋滞情報を生成している．
③ 交通状況の変化に迅速に対応するため，管制員によるイベント登録（事故，工事などの事象入力）が発生した場合には，割込処理を随時受け付け，提供情報を更新している．
④ 複数のイベントの中から目的地までの到達係数と優先度に応じて提供順位判定を行った OD イベントを作成して提供系に送信している．
⑤ 図形情報板，文字情報板などの視覚系情報提供，ラジオや電話からの聴覚系情報提供など，文字，図形，音声による提供情報の整合性を図るため，提供情報は処理系で一元的に作成している．

(a) 首都高速道路

① 車両感知器は基本 300 [m] ごとに設置されている．
② 交通集中による渋滞の発生や解消，事故による急速な渋滞の延伸に対し，遅れなく情報を提供できるように 1 分周期で情報処理と情報提供を行っている．
③ 首都高速道路全域の情報処理を行うとともに，基幹ネットワークによって各地区交通管制室の大型表示装置，管制卓と接続して各種処理を一括して実施している．
④ 地震などの災害発生時に備えて処理系などの主要装置はバックアップセンターにも機器を設置し，ディザスタ・リカバリ可能な構成としている．
⑤ 交通管制室は東京西，東京東，神奈川地区の 3 箇所に設置され，また，第 4.3 図に示すように管制員とシステムの間のインタフェース機器には大型表示装置や管制卓がある．

第 4.3 図　首都高速道路の交通管制室

(b)　阪神高速道路
①　車両感知器は基本 500 [m] ごとに設置されている．
②　交通情報の収集を 30 秒周期，処理，提供を 2.5 分周期で行っている．
③　交通管制システムは大阪地区および兵庫地区で構成され，システム全体を統括する機能を大阪地区に集中している．
④　交通阻害要因が本線上で発生した場合，必要に応じて当該区間の直上流の入路閉鎖と流出推奨がなされる．これは，緊急時制御と呼ばれる方法であり，上流側の入路を逐次閉鎖する逐次ランプ閉鎖制御と併用している．
⑤　交通管制室は大阪地区，兵庫地区の 2 箇所に設置され，また，第 4.4 図に示すように管制員とシステムの間のインタフェース機器には大型表示装置や管制卓がある．

第 4.4 図　阪神高速道路の交通管制室

4.3　交通管制の特徴

（c）　名古屋高速道路
① 車両感知器は基本 500［m］ごとに設置されている．
② 交通情報は収集 1 分周期，処理 1 分以内，提供 1 分周期で行っている．
③ 平均速度による交通状況判定を行い，渋滞度のふらつき防止として渋滞発生方向と解消方向とのヒステリシスを用いて情報の正確性向上を図っている．
④ 交通管制室は 1 箇所であり，また，**第 4.5 図**に示すように管制員とシステムの間のインタフェース機器には大型表示装置や管制卓がある．

第 4.5 図　名古屋高速道路の交通管制室

4.4　処理系の機能

処理系システムは大量の情報を収集，演算，分析，加工，蓄積，管理などをするために高度なコンピュータで構成され，かつ，24 時間 365 日連続運用が可能な信頼性の高いシステム構成となっている．

4.4.1　処理系システムの処理内容

（1）　車両感知器の補完処理

車両感知器が何らかの障害でデータ収集ができない場合には，故障となった車両感知器に隣接する車両感知器のデータにより補完処理を行う．

（2）　渋滞判定

渋滞判定は，あらかじめ定められた区間単位を「基本単位」とし，基本単位ごとに車両感知器から得られる交通量，速度，オキュパンシを用いて行っている．なお，JCT 手前などでは 1 車線のみが渋滞しているという事象も発生しやすい．あるいは，アコーディオン現象により，連続的な渋滞が発生しても渋滞と判定されない場所が発生することもある．このため，以下のような機能を用いて渋滞判定を行っている．

(a) 渋滞の定義

渋滞の判定は基本的に平均速度で行われるが，都市間高速道路と都市内高速道路によって交通流の特性が異なるため，それぞれで渋滞判定の定義は異なっている．渋滞度の定義を第4.1表に示す．

第4.1表 渋滞度の定義

	都市間高速道路	都市内高速道路
自由流	60 [km/h] 以上	40 [km/h] 以上
混　雑	40 ～ 60 [km/h]	20 ～ 40 [km/h]
渋　滞	40 [km/h] 以下	20 [km/h] 以下

(b) 基本単位ごとの判定

複数の車線がある場所では車線ごとに渋滞判定が異なる場合がある．基本単位ごとの渋滞判定では，1車線でも渋滞が発生しているとき，その基本単位は渋滞と判定する．

(c) 連続渋滞長判定（総合）

上記の基本単位ごとの判定から路線全体の渋滞判定を行う．渋滞と非渋滞の基本単位が混在する区間があるとき，近隣にある渋滞間の距離などにより独立した渋滞とするか，あるいは一つにまとめた渋滞とするかを総合的に判定する．

(d) 連続渋滞長判定（車線ごと）

1車線の渋滞が連続して発生し車線利用率が大幅に異なる場所がある場合，車線ごとに連続渋滞長を判定する．JCT付近やICの出口渋滞が本線上まで延伸したときなどに利用する．

(3) 所要時間情報作成

所要時間は基本単位ごとの走行車両の平均速度から算出する．

(a) 感知器の基本単位ごとの所要時間

車両感知器からの車線ごとの平均速度から，基本単位ごとに平均速度を算出し，基本単位ごとの平均速度と距離から，基本単位における所要時間を作成する．以下に，基本単位の平均速度 V_m [km/h] と基本単位通過に要する所要時間 T_{sm} [分] の算出方法を示す．

$$V_m = \frac{\sum_n Q_n}{\sum_n \dfrac{Q_n}{V_n}} \tag{4.1}$$

$$T_{sm} = \frac{L_m \times 60}{V_m} \tag{4.2}$$

ただし，Q_n：車線 n の交通量 [台/分]
　　　　V_n：車線 n の平均速度 [km/h]
　　　　L_m：基本単位 m の距離 [km]

なお，平均速度が法定最高速度以上の場合には，法定最高速度で所要時間を算出する．

(b) IC間ごとの所要時間

IC間の所要時間 T_{IC} は，基本単位ごとの所要時間 T_{sm} から作成する．なお都市間高速道路で一般交通区間は，車両感知器の設置台数が少なく，所要時間情報の作成を実施していないため，法定

速度もしくは規制速度とIC間の距離で算出する．

$$T_{\text{IC}} = \sum_m T_{sm} \tag{4.3}$$

(4) 渋滞判定と所要時間情報作成の特殊処理

渋滞判定や所要時間情報の精度を高めるために，通常の渋滞判定，所要時間情報作成処理のほか，以下の対応を行っている．

(a) IC，JCT渋滞の対応

JCT付近で，片方面の車線のみで渋滞が発生し，もう一方の車線は自由流の場合に，連続渋滞長判定（総合）は全車線が渋滞と判定してしまう．そこで車線ごとの連続渋滞長から方面別に渋滞判定を行い，渋滞情報を作成する．同様にIC出口の渋滞が本線上まで延びた場合にも，出口渋滞であるか本線上渋滞であるかを区別して渋滞情報を作成する．

(b) 工事車線規制による対応

車線規制を伴う工事が発生したとき，作業中の工事車両を低速車と誤判定する可能性がある．そこで，工事内容や範囲を登録している「工事イベント」をもとに，誤判定を防止している．

(c) 通行止めによる対応

通行止めが発生したとき，規制区間の道路交通状況が自由流と誤判定することを避けるため，「通行止め規制イベント」が入力されている規制区間の所要時間と渋滞情報は作成しない．

(5) 通行止め情報の登録

交通事故や降雪等による「通行止め」は，管制員が「通行止めイベント」を管制卓で入力し，情報提供を行っている．

地震発生時においては，都市間高速道路では，地震計の検知範囲，震度からあらかじめ定められた範囲で，自動的に「通行止め」情報の提供を行っている．また，都市内高速道路（首都高速道路）では，管制員が地震情報を登録し，登録された地震震度が5以上の地区ごとに「地震通行止」がシステムで自動設定され，情報提供の優先度によって道路情報板に表示される．

(6) 交通情報の整合

隣接する区間において，別々に発生していた渋滞イベントまたは交通規制イベントが，状況の変化によりJCT部や他地区，他機関との管轄の境目まで延伸した際に，**第4.6図**のイベントA，Bのように，別々に登録されている二つのイベントを一つのイベントに結合する．

この機能により，収集したデータが二つの路線や他機関にまたがっている事象（渋滞または交通規制）を連続した一つの事象として提供できる．

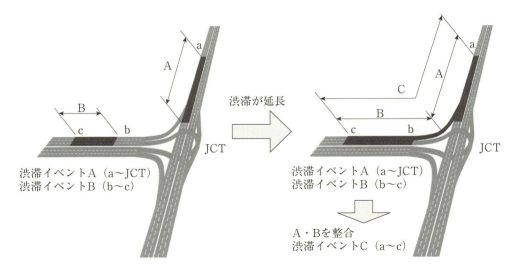

第4.6図 交通情報の整合性処理

(7) 処理の周期

情報の収集から提供までは一定の周期で処理される．ただし，地震情報は震度検知直後に判定処理が行われる．また，管制卓から直接入力された情報についてはリアルタイムに処理され提供される．第4.2表に各処理の周期を，第4.7図に情報収集から提供までの流れを示す．

第4.2表 各処理の周期

種別		周期
情報収集	渋滞情報	5分周期
	気象情報	1分周期
	地震情報	状態変化時（震度検知ごと）
情報提供	道路情報板	5分更新（渋滞情報，気象情報），状態変化時（卓入力時）
	ハイウェイラジオ	5分更新
	情報ターミナル	5分更新

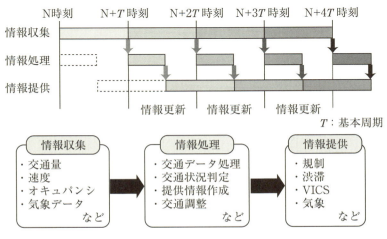

第4.7図 情報収集から提供までの流れ

4.4 処理系の機能

(8) イベント入力

管制卓から入力するイベントと収集系設備からの情報をもとに交通情報を生成する．イベント種別は，地域により違いはあるがおおむね第4.3表のとおりである．

第4.3表　イベント種別

種　別	内　　容
渋滞イベント	時刻・場所・渋滞原因・渋滞状況
事故イベント	時刻・場所・事故対象・事故形態・処理状況
火災イベント	時刻・場所・火災対象物・処理状況
災害イベント	時刻・場所・災害対象
故障車イベント	時刻・場所・停止車線・処理状況・車種
路上障害車イベント	時刻・場所・落下車線・落下対象物・落下状態
工事イベント	時刻・場所・工事内容
工事予定イベント	時刻・場所・施工開始日・規制時間・工事内容
気象イベント	時刻・場所・気象分類・気象状態・測定値
交通規制イベント	時刻・場所・規制原因・規制内容

(9) 出力処理

複数のイベントが発生している場合には，提供設備ごとに提供できる事象数が限られているため，例えば第4.4表に示すような優先順位を考慮して提供する情報を選択している．また，提供装置との距離，OD到達率などを考慮し，道路情報板（文字情報への変換）やハイウェイラジオ（音声情報への変換）などの提供メディアに応じた変換処理も合わせて行われている．

第4.4表　イベント優先順位

イベント種別	優先順位
地震警戒宣言	高い
通行止め	↑
事故，落下物など点的イベント	
チェーン規制	
凍結注意	
渋滞2km以上	
車線規制区間	
50キロ速度規制	↓
80キロ速度規制	
気象走行注意	低い

4.4.2　災害時バックアップシステム

近年構築された交通管制システムでは，バックアップセンターを設置し，大規模災害の発生などによりメインセンターが利用不能となった場合でも，運用業務の継続を可能とするディザスタ・リカバリシステムを構築している．バックアップセンターは地理的な条件と運用性を加味した場所に設置され，処理系と路上のセンサや各システム間をループ状に構築したネットワークを経由して接続している．第4.8図にメインセンターが災害等で利用できなくなった場合の動作イメージを示す．

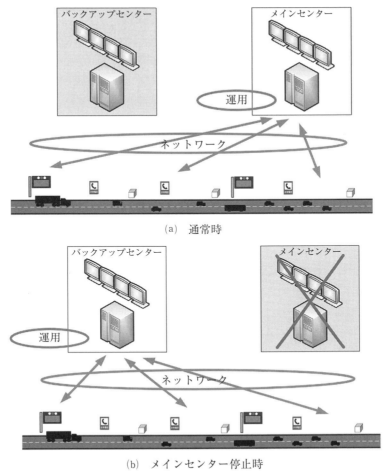

(a) 通常時

(b) メインセンター停止時

第4.8図 災害時のバックアップイメージ

4.4.3 交通管制機能の比較

都市間交通管制と都市内交通管制の機能を第4.5表に整理する．

第4.5表 都市間交通管制と都市内交通管制の機能比較

機能		都市間交通管制	都市内交通管制		
			首都高速道路	阪神高速道路	名古屋高速道路
処理	イベント情報	管制卓からの手動入力	管制卓からの手動入力	管制卓からの手動入力	管制卓からの手動入力
	渋滞判定	5分周期	1分周期	2.5分周期	1分周期
	所要時間作成	IC間所要時間から算出	基本単位（交通状況判定区間と呼んでいる）ごとの所要時間から算出	基本単位（渋滞検知地点と呼んでいる）ごとの所要時間から算出	基本単位（リンクと呼んでいる）ごとの所要時間から算出
	気象データ作成	雨量による走行注意を自動生成	風速による走行注意を自動生成	計測値から管制員が判断	計測値から管制員が判断
	地震データ作成	地震による通行止め情報を自動生成	管制卓からの手動入力	管制卓からの手動入力	計測値から管制員が判断
提供	道路情報板	イベント入力都度 5分周期	イベント入力都度 1分周期	イベント入力都度 2.5分周期	イベント入力都度 1分周期
	ハイウェイラジオ	5分周期	（該当設備なし）	イベント入力都度 2.5分周期	イベント入力都度 2.5分周期
	ハイウェイテレフォン	5分周期	5分周期	イベント入力都度 2.5分周期	イベント入力都度 2.5分周期
	情報ターミナル	5分周期	5分周期	イベント入力都度 2.5分周期	（該当設備なし）
収集	交通量計測	都市部：2 [km] 間隔 都市間：ICごと	300 [m] 間隔	500 [m] 間隔	500 [m] 間隔
	気象設備	雨量，風向，風速，気温，路温	風向，風速	雨量，風向，風速，気温，路温，湿度，湿潤（路面状態），視程（場所により異なる）	雨量，風向，風速，気温，路温，湿潤（路面状態）

4.5 まとめ

　ICTの進歩とともに処理性能が向上しており，新たなセンサや他のシステムとの連携など情報量の増大への対応や，管理運用の高度化に向けた表示や操作方法の改善を行っている．

　今後とも，プローブデータなどの新たな情報処理や，新たな情報提供メディアへの対応など処理性能の向上が求められる．また，災害時における運用の継続性，さらなる可用性を実現する技術が注目されると考える．

参考文献

(1) 「高速道路の高度交通管制システム」，電気学会技術報告，第938号（2003-10）
(2) 「高速道路における新交通管制システムのあり方」，電気学会技術報告，第1297号（2013-11）

第5章 提供系

5.1 概要

　道路交通情報は，道路利用者の快適な走行を支援するだけでなく，円滑な交通流，安全を確保するための重要な情報である．これらは道路利用者が旅行前・出発前の事前情報の把握，走行中での情報取得，物流や輸送業者への業務支援と様々な場面で活用されている．提供系システムは，メディアの特性を生かして，視覚情報や聴覚情報など走行環境に応じた多様な提供手段で構築されている．本章では，交通管制システムと道路利用者を結ぶ手段としての情報提供システムの構成やメディアの特徴を踏まえた役割，機能・性能等について記述する．

(1) システムの構成
　提供系のシステム構成は，高速道路会社によってシステム構成が異なるものの，おおむね第5.1図に示すように構成されている．

(2) 設備の種類
　高速道路の情報提供に用いる各種提供設備は目的，運用に応じて配置される．提供メディアは視覚から得るものと，聴覚から得るものに分けられ，情報の取得できる環境に応じて提供方法や事象数，提供内容，情報量に応じて道路利用者に提供される．道路交通情報に対する設備の種類と提供内容との対応関係を第5.1表，第5.2表，第5.3表にまとめる[1][2]．

(3) 提供系システムの要素と役割
(a) 主体者
　高速道路の情報提供は，高速道路会社が主体となって実施しており，円滑な交通のための情報の収集から提供まで適切な情報活用がなされている．一方，一部のバスやトラックなどを運行する運行管理者においては，民間事業者が運営する有料・無料による情報提供サービス（プローブカーデータ等ICT，IoTの活用）も実施されており，ますます充実した情報提供サービスを求めていくものと考えられる．

(b) 情報内容
　提供情報の主な内容は「事象」「事象発生場所」「規制・指示等」情報（1.3.2項参照）などである．

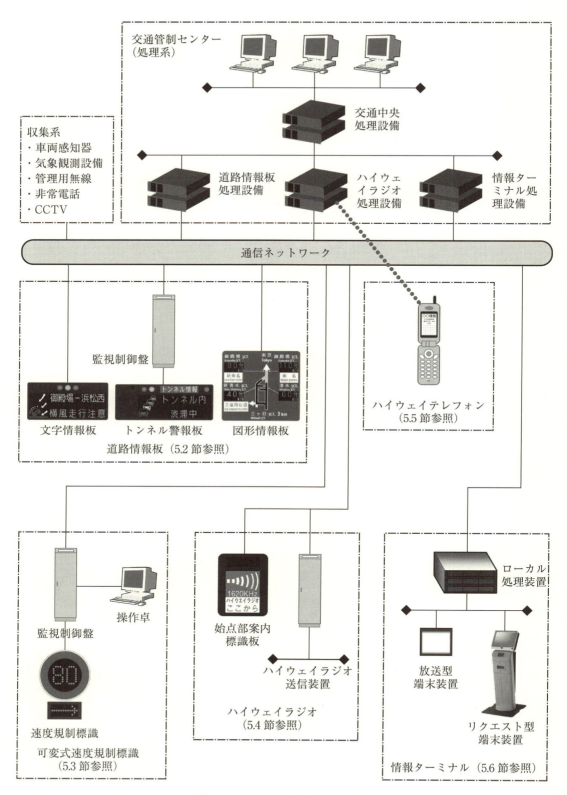

第5.1図　提供系のシステム構成

第 5.1 表　高速道路上における提供メディアと提供内容

提供メディア		メディア特性	提供方法	事象数	提供内容					
					道路事象	所要時間	混雑情報	規制情報	トンネル防災情報	逆走車
道路情報板	文字情報板	視覚情報	片方向	1～2事象	○	○注1	○	○	○注1	○
	図形情報板			多事象	○	○	○	○		
	所要時間情報板			1事象	－	○	－	○ 通行止	－	－
	休憩施設混雑情報板			1事象	－	－	○ SA・PA	○ 閉鎖	－	－
	気象情報板			1～2事象	○ 気象	－	－	－	－	－
	トンネル警報板			1事象	－	－	－	○	○	－
	渋滞予告板			1事象	－	－	○	－	－	－
	ビジュアル情報板			1事象	○ 映像	－	－	－	－	－
標識（可変標識）	可変式速度規制標識	視覚情報	片方向	1事象	－	－	－	○ 速度	－	－
	可変標識（入路規制）	－	－	1事象	－	－	－	○ 進入禁止	－	－
ハイウェイラジオ（路側放送）		聴覚情報	片方向	多事象	○	○	○	○	－	－
路車間通信	VICS	視覚情報	片方向	多事象	○	○	○	○	－	－
	ETC2.0	視覚情報 聴覚情報	片方向	多事象	○注2	○	○	○	－	－

注1：首都高速道路のみ提供
注2：突発事象，ルートガイダンス等

第 5.2 表　休憩施設における提供メディアと提供内容

提供メディア	メディア特性	提供方法	事象数	提供内容					
				道路事象	所要時間	混雑情報	規制情報	トンネル防災情報	逆走車
情報ターミナル	視覚情報	片方向・リクエスト	多事象	○	○	○	○	－	－

5.1　概　要

第5.3表　パーソナルメディアにおける提供メディアと提供内容

提供メディア		メディア特性	提供方法	事象数	提供内容					
					道路事象	所要時間	混雑情報	規制情報	トンネル防災情報	逆走車
ハイウェイテレフォン		聴覚情報	リクエスト	多事象	○	○	○	○	−	−
一般ラジオ	交通情報（ラジオ放送）	聴覚情報	片方向	多事象	○	○	○	○	−	−
	ラジオ再放送	聴覚情報	片方向	多事象	−	−	−	−	○※	−
デジタル放送	データ放送	視覚情報 聴覚情報	片方向	多事象	○	○	○	○	−	−
	エリアワンセグ	視覚情報 聴覚情報	片方向	多事象	○	○	○	○	−	−
インターネット		視覚情報	片方向・リクエスト	多事象	○	○	○	○	−	−
テレマティクス		視覚情報 聴覚情報	片方向・リクエスト	多事象	○	○	○	○	−	−

※異常時は割込放送

これらの情報は視覚や聴覚情報として提供されており，収集系の高度化に合わせてきめ細やかな情報提供に進化してきた．

最近では，民間事業者を中心に，交通状況のデータベースをもとに，日別，方向別，時間帯別による渋滞予測情報が提供されており，今後はさらに近未来の予測情報を付加した提供が必要と思われる．

(c)　情報提供場所

道路利用者が道路交通情報を必要とする場所としては以下の箇所が考えられる．
・自宅，オフィス
・行動の判断を要するIC入口や料金所の手前
・行動の判断を要する路線の分岐点の手前
・注意喚起が必要な地点の手前
・SA・PAの手前および施設内
・気象が変わりやすい地域
・緊急情報が発生する区間の手前（トンネル坑口付近など）

高速道路会社は，上記のように道路利用者が必要とする場所や，運用上指示事項の情報を与えなければならない場所を「情報提供設備の設置基準」として制定し整備をしている．

(d)　情報提供タイミング

出発前には，道路利用者の目的地や利用路線が不明確であるため全方向の情報を提供する．走行中は，進行方向の情報が必要となり，かつ事象の重要度に応じた情報提供がなされている．SA・PAなどでは，情報取得に時間的余裕があるため，広域かつ詳細な情報が提供されている．

(e)　情報提供手段

① 視覚情報

視覚情報の代表的な提供設備である文字情報板の情報伝達方法の特徴を整理すると，以下のとお

りである．
　・走行中のすべての道路利用者に情報を与えることができる．
　・情報入手のための操作が不要で走行中の道路利用者の負担が少ない．
　・優先事象（1～2事象）が提供される．よって個人が好きな情報を選択することができない．
　・文字数の制限から簡素に提示されるため，詳細な提示には限界がある．
　・設置場所が固定され設置場所以外では情報提供できない．
　さらに，道路利用者の視覚特性から道路情報板に求められる要素が種々あるが，文字表示の基本要件は以下のとおりである．
　・表示文字の大きさ
　・コントラスト
　・表示色
　・表示輝度
　ただし，道路情報板の設置位置，車両の走行速度，表示文字数，表示判読時間等との複合的な条件で決定される．また運転中に無理なく情報を入手するためには，人間工学的な眼球運動の特性（注視特性）も考慮して設置するなど，道路利用者の視覚特性を充分に理解する必要がある．
　②　聴覚情報
　聴覚情報の代表的な提供設備であるハイウェイラジオの情報伝達方法の特徴を整理すると，以下のとおりである．
　・視覚情報に対して複数事象を1回以上聴き取ることが可能である．
　・運転中に目をそらすことなく比較的広域な情報提供が可能である．
　・放送区間内での線的な情報提供が可能であるため，渋滞多発区間における渋滞状況の提供に有効である．
　・走行中にカーラジオのスイッチ操作が必要である．また操作をしなければ情報内容を知ることができない．
　・上下線共用であるため，走行する方向とは関係の無い事象を聞く必要があり，情報を道路利用者側で取捨選択する必要がある．
　運転時における音声放送の基本要件としては，
　・放送区間
　・音声明瞭度
などがあげられる．情報提供に際しては複数事象の提供が可能なメディアであるため，無理なく聴き取りが可能な放送区間になっているのか，運用を踏まえた設置計画の検討が必要である．また付近の一般道の路側放送との混信を起こす場合があるため，設置環境の事前調査が重要である．

5.2　道路情報板

(1)　概　要
　道路情報板は，高速道路で発生している渋滞，交通事故，気象状況などの情報を一般道，料金所，高速道路本線上等において，走行中の道路利用者が表示により視認，理解できることを目的とした

視覚情報設備である．

道路情報板の形式は，道路形状，交通量などにより決められている．例えば高速道路のICに進入する直前の一般道（街路）に設置する道路情報板は，本線上での道路状況，気象状況などを提供するもので，道路利用者の高速道路の利用判断支援を行うために設置する．

(a) 文字情報板

一般道のIC手前（第5.2図）や，料金所（第5.3図），本線部のIC手前（第5.4図）に設置し，通行止め時に流出を促す情報，渋滞，交通事故，工事等における経路選択を促す情報を提供する．またJCT部（第5.5図）では上記の情報のほかに路線選択等の判断材料を提供する．

第5.2図　文字情報板（首都高速道路・一般道）

第5.3図　文字情報板（東名高速道路・料金所）

第5.4図　文字情報板（首都高速道路・本線上）

第5.5図　文字情報板（新東名高速道路・JCT部）

(b) トンネル警報板

トンネル坑口手前に設置し，トンネル内の火災発生時おいて，後続車両の進入を防止するための情報を提供する（第5.6図）．なお，設置基準やトンネル等級に応じてトンネル内警報板を設置する（第10章参照）．

(c) 所要時間情報板

情報板設置位置から主要な目的地までの所要時間を提供する（第5.7図）．

(d) 図形情報板

道路ネットワークをデフォルメした路線の上に道路混雑状況を提供する（第5.8図，第5.9図）．

第5.6図 トンネル警報板（首都高速道路）

第5.7図 所要時間情報板（新東名高速道路）

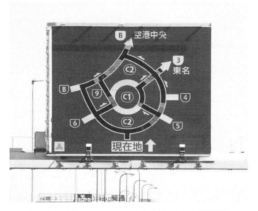

第5.8図 図形情報板（首都高速道路）

第5.9図 図形情報板（新東名高速道路）

(e) 休憩施設混雑情報板

SA・PAなどにおける駐車状況を本線上で提供する（第5.10図）．

第5.10図 休憩施設混雑情報板（新東名高速道路）

(f) 渋滞予告板

渋滞多発区間において，速度低下による渋滞を抑制するために，サグ部付近において速度回復を促す情報や追突事故防止の啓発などの情報を提供する（第5.11図）．

第5.11図　渋滞予告板（東名高速道路）

(g)　ビジュアル情報板

冬季雪氷時期の道路状況を映像で提供し，SA・PAに立ち寄った道路利用者が迂回するかどうかを判断するために利用されている（第5.12図）．

第5.12図　ビジュアル情報板（東名高速道路）

(2)　基本構成

道路情報板は主に表示部，制御部，電源部により構成されている（第5.13図）．

表示部は，各色のLEDチップを一つの透明樹脂レンズに封止したLED素子と，LED素子の駆動回路からなる表示ユニットを縦横に配置して大画面を構成している．制御処理ユニットからの表

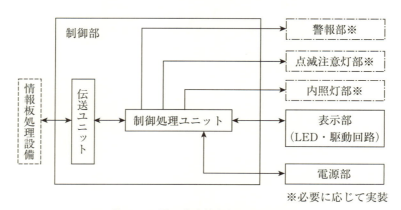

第5.13図　道路情報板の基本構成

示データ信号を駆動回路にて受信し個々のLED素子を点灯および消灯して，文字およびシンボルを表示している．従来は赤色，黄緑色，橙色（混合色）の3色で点灯していたが，現在は赤色，緑色，青色の光の三原色を用いた表示ユニットを採用し，白色と中間色であるマゼンタ，シアン，イエローの発色が可能なマルチカラー方式の道路情報板が登場している．

制御部は，処理設備の信号を送受信する伝送ユニットと表示部・電源部等を制御する制御処理ユニットからなる．制御処理ユニットでは処理設備からの表示制御データを受信し，表示部の最大表示文字数との関係から文字表示位置と文字間隔を決定する文字均等配列処理，文字フォントデータの読み込み等の処理を行い表示部の点灯制御を行う．その際，制御処理ユニットでは信頼性を高めるために表示ドット単位ごとにビット列データの照合を行うことで常時監視を行い，一定率以上の照合不良を検出すると表示を消灯にして誤表示を防止するフェールセーフ機能を有している．また，照合不良が一定率未満の場合は，できるだけ表示を継続させ運用を維持するための機能も備えている．

さらに，制御処理ユニットは表示と連動して，遠方から道路情報板の存在を認識できるように配置した点滅注意灯部，路線名や分岐方向を夜間でも視認できるように道路情報板上部に内部照明を内蔵した内照灯部，またトンネル警報板では警報部（サイレン）などの付帯機能も同時に制御される．

電源部は，各種電源装置で構成されている．表示部，制御部への給電を行うとともに状態監視を行い，電源装置の故障や，入力，出力電圧等が異常値の場合には，制御処理ユニットに通知し装置故障と判定する．

(3) 基本機能および性能

道路情報板に要求される視認性に関する基本的な機能要件の根拠を次に示す．

・高速で走行する道路利用者に対し，150［m］遠方からの視認性を確保するために，文字は10［mm］ドットピッチで表現し，文字高さを450［mm］としている．
・LED上面に太陽直射光を防止する遮光ルーバを備えることで，太陽直射光の反射によるコントラストの低下を防止している．
・発光光度は電光式で使用していた白熱電球と同様の光度1.5［cd］（輝度換算1667［cd/m^2］）以上にすることで視認性を確保している．
・周囲の明るさを検出し，周囲照度に応じてLEDの発光輝度を調光することで，昼夜間の視環境に対応した表示を行っている．

(a) 設置位置

道路情報板の設置位置は，表示内容を判読し，安全かつ円滑に行動開始点から減速，停止や車線変更，方向変更などの運転行動を考慮する必要がある[3][4]．

道路情報板設置位置と行動距離との例を第5.14図に示す．また，道路情報板設置位置の求め方を以下に示す．

$$d = L + L_1 - j \geq 「車線変更必要距離」+「減速（停止）必要距離」$$
$$= (n-1)L^* + \frac{1}{2\alpha}\left\{\left(\frac{V_1}{3.6}\right)^2 - \left(\frac{V_2}{3.6}\right)^2\right\} \tag{5.1}$$

ただし，d：行動距離［m］

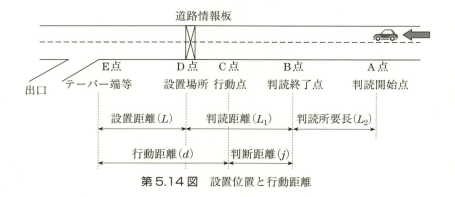

第5.14図 設置位置と行動距離

n：車線数
L^*：1回の車線変更に要する距離 [m]（約 120 [m]〔85%タイル値〕）
α：減速度 [m/s^2]（0.75 〜 1.5 [m/s^2]）（85%タイル値は 1.0 [m/s^2]）
V_1：C 点における速度 [km/h]
V_2：E 点における速度 [km/h]
j：判断に要する距離 [m] $= t' \times V_1 \div 3.6$
t'：判断時間 [s]（2.0 〜 2.5 [s]）

(5.1) 式より，

$$L \geqq (n-1)L^* + \frac{1}{2\alpha}\left\{\left(\frac{V_1}{3.6}\right)^2 - \left(\frac{V_2}{3.6}\right)^2\right\} + \frac{t' \times V_1}{3.6} - L_1 \tag{5.2}$$

となる．以上から，設置位置 D 点が求められる．

(b) 視認距離

視認距離とは，表示文字を読み始める位置から道路情報板までの距離であり，判読距離 L_1（判読終了地点から道路情報板との距離）と，判読所要長 L_2（判読開始点から終了点までの距離）との和で求まる（第5.15図）．最大視認距離 L_s [m] と表示文字高 h [cm] は建設省土木研究所（現国土交通省国土技術政策総合研究所）の実験結果により以下のように決定される[4]．

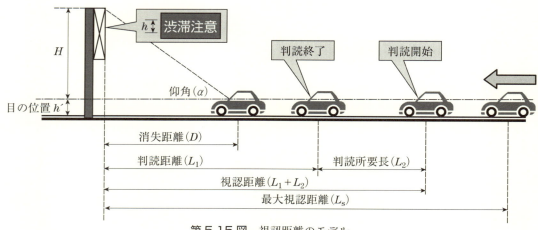

第5.15図 視認距離のモデル

まず，最大視認距離 L_s [m] を次式より求める．

$$L_s = 5.67 \times h \times k_1 \times k_2 \times k_3 \quad (85\%\text{タイル値}) \tag{5.3}$$

ただし，h：文字高 [cm]

k_1：文字の種類による補正係数………0.6（漢字），1.2（アルファベット）

k_2：文字の複雑さによる補正係数……0.9（画数 10 ～ 15）

k_3：走行速度による補正係数…………0.87（60 [km/h] 走行時），0.77（100 [km/h] 走行時）

道路利用者の鉛直方向の限界視野（7°）より求められる消失距離 D [m] は，

$$D = \frac{H}{\tan\alpha} \tag{5.4}$$

ただし，α：仰角（道路利用者の鉛直方向の限界視野）…7°

h'：道路利用者の目の高さ……………………1.2 [m]

H：道路情報板高さ－道路利用者の目の高さ（h'）[m]

判読所要長 L_2 [m] は判読時間を t [s]，走行速度を V [km/h] とすると，

$$L_2 = \frac{V \times t}{3.6} \tag{5.5}$$

なお，判読時間は実験結果により**第5.16図**のグラフから読み取るものとする[5]．

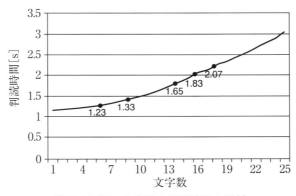

第5.16図　文字数と判読時間の関係

走行中に表示文字が判読できる条件は，

$$L \geq L_1 + L_2 \tag{5.6}$$

$$L_1 \geq D \tag{5.7}$$

よって，必要文字高 h [cm] を走行速度 V と設置高 H，判読時間 t で表すと，

$$h \geq \frac{\dfrac{H}{\tan\alpha} + \dfrac{V \times t}{3.6}}{5.67 \times k_1 \times k_2 \times k_3} \tag{5.8}$$

となる．

(c) コントラストと輝度

背景から対象物を識別するためには輝度差が必要である．これをコントラストという．

識別の最低しきい値は 0.05 といわれている[6]が，コントラストが大きいほど識別は容易である．コントラスト C を以下の式で表す．

$$C = \frac{L - L_b}{L_b} \tag{5.9}$$

ただし，L：点灯時輝度
　　　　L_b：消灯時輝度

道路情報板表示部背面の輝度は晴天で $500 \sim 800$ [cd/m^2]，また西日が表示部に直射した場合は $1500 \sim 2000$ [cd/m^2] である．このことから現状の道路情報板では，通常の太陽光下で十分視認できる輝度として 2500 [cd/m^2] 以上を確保している．

5.3 可変式速度規制標識

(1) 概　要

可変式速度規制標識（以下，速度規制標識）は，高速道路を走行する車両の安全走行を確保するために規制速度を可変表示して走行速度を規制している（第5.17図，第5.18図）．

第5.17図　可変式速度規制標識（明かり部）　　第5.18図　可変式速度規制標識（トンネル部）

規制速度は橋梁，山間，峠，海岸などを通る高速道路に設置している気象観測設備からの気象情報や地震発生時における管内の震度情報，パトロール情報などと合わせて適切な規制速度が決めら

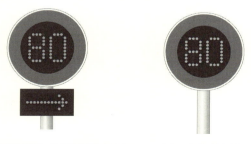

(a) 境界型標識（補助標識有り）　　(b) 中間型標識

第5.19図　可変式速度規制標識の種類

れ，速度規制標識に表示される．標識はおおむね 1.5 ～ 2 ［km］間隔で設置し，規制開始・終了地点に当たる標識には補助標識を共架した境界型標識，規制の区間内には中間型標識を設置する（第 5.19 図）．

規制開始地点は，IC や SA・PA 流入部，トンネル，気象急変地区の手前，道路線形の厳しい地点等を勘案して設置される．また，速度規制値は最高速度を踏まえて決定されるが（第 5.4 表），これらは高速道路会社と公安委員会との協議を経て決定される[7]．なお，最高速度とは法定速度もしくは公安委員会の指定する指定速度をいう．

第 5.4 表　可変式速度規制標識の表示内容

最高速度	道路管理上必要となる最高速度	表示内容（規制速度）
100 ［km/h］	80，50 ［km/h］	（消滅），80，50
80 ［km/h］	50 ［km/h］	80，50
70 ［km/h］	50 ［km/h］	70，50
60 ［km/h］	40 ［km/h］	60，40

(2)　基本構成

速度規制標識は，制御機内に収納されている伝送部，制御処理部，電源部および規制標識部，補助標識部により構成されている（第 5.20 図）．

伝送部には伝送レベルの変動にも安定して動作する周波数偏移（FS）変調方式を採用している．通信の誤り検定方式は送信側ではパリティ検定，受信側では二連送照合検定を行い通信の信頼性を確保している．制御処理部は規制標識表示部と補助標識表示部に表示信号を送出する．通常運用は遠隔制御で行われ，監視制御盤からブロック区間ごとに一括制御される．また，現場操作も可能である．表示部は従来，反射式および字幕式が採用されていたが，近年では LED 式が主流を占めている．LED 式は，霧等気象条件が悪い中でも自発光で視認性が高く，かつ長寿命，省電力という特長から採用された．本線上の明かり部および近年ではトンネル照明の改良に伴いトンネル部にも設置されている．LED 式は橙色の表示ドットを構成した LED モジュールを採用し，規制速度のパターンは 2 ～ 3 可変が標準である．周囲の明るさを調光用センサで検出し，昼・夜の 2 段階切換調光を行うことで昼夜間変わらぬ視認性を確保している．

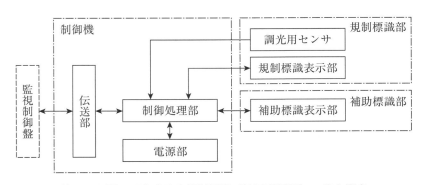

第 5.20 図　可変式速度規制標識（境界型標識）の基本構成

(3) 基本機能および性能

本システムの制御方式は，ブロック区間ごとに一括で制御するブロック制御方式を採用している．ブロック制御方式とは，ある複数の端末において，同一制御を受ける論理的なグループを構成するもので，監視制御盤からの制御により同時に制御を受ける仕組みである．この仕組みを利用して監視制御盤は，速度規制標識の制御監視と，故障監視を行っている．可変制御の仕組みは，操作卓からの制御指令を監視制御盤が受信し，該当する制御ブロックに表示制御信号を速度規制標識に送信する（第5.21図）．制御ブロックNo.2の境界型標識は，制御ブロックNo.1と制御ブロックNo.2の規制内容を比較し，表示内容を決定する（突合わせ処理）．規制内容が異なれば，突合わせ回線を用いて制御ブロックNo.2の境界型標識の補助標識部に規制区間の始まりを表す補助標識（右矢印）や規制区間の終わりを表す補助標識（左矢印）を表示する．

監視制御盤と規制標識間の制御監視は，1本のケーブルにブロック内の全ての標識が接続され，1対Nの半二重，ポーリング呼び出し方式で行われている．制御は制御ブロック内に複数の標識に対する一括制御で，標識の動作状態の監視は標識ごとの個別監視で行っている．伝送速度は送信，受信ともに通信速度50［bps］である．なお，昨今の通信回線のIP化により，IP接続が可能な規制標識も設置されている．この場合，規制表示が異なる場合には監視制御盤から補助標識も同時に表示制御される．

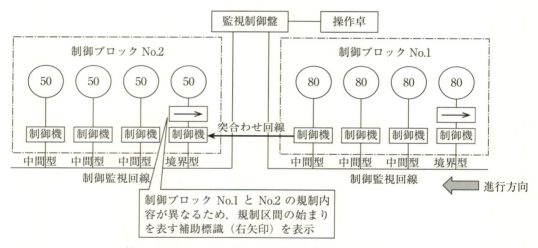

第5.21図　可変式速度規制標識システム系統図（概略）

5.4　ハイウェイラジオ

(1) 概　要

ハイウェイラジオ（路側放送）は，高速道路の一部区間において，詳細な交通情報を走行中の道路利用者が聴覚（音声）で取得できる提供設備である．一般ラジオ放送とは別の専用周波数（AM 1620［kHz］）を使用し，高速道路会社が交通情報を放送するものである．主に渋滞情報，事故情報，所要時間等の情報を提供している．放送区間を走行しながら聴覚で聞くことができ，複数事象の情報を取得することができることから，広域的な情報により路線選択を必要とするJCT手前や渋滞

多発区間等に設置される．

(2) 基本構成

ハイウェイラジオ設備は，交通情報を作成するハイウェイラジオ処理設備と，高速道路の路側に設置されるハイウェイラジオ送信装置（第5.22図），放送区間にわたって布設される漏洩同軸ケーブル（LCX）（第5.23図），放送区間の始まりや重要情報を文字情報として示す始点部案内標識板（第5.24図）から構成される（第5.25図）．

ハイウェイラジオでは，1放送エリアでの放送時間は60秒を基本とし，最長120秒としている．そのため，放送時間内で情報提供ができるように，発生している事象の情報提供優先度を踏まえながら放送時間の調整を行い，放送文章を作成する．そして，作成した放送文章を音声にするために，音声合成を経て，音声信号をハイウェイラジオ送信装置に送信する．音声合成には，アナウンサーの録音があらかじめ必要な音片合成ではなく，TTS（Text-To-Speech：テキスト音声合成技術）により，放送文章のテキストデータから直接音声化する技術も採用されている．

ハイウェイラジオ送信装置の仕様は第5.5表のとおりである．

第5.22図　ハイウェイラジオ送信装置（新東名高速道路）

第5.23図　漏洩同軸ケーブル（新東名高速道路）

第5.24図　始点部案内標識板（東名高速道路）

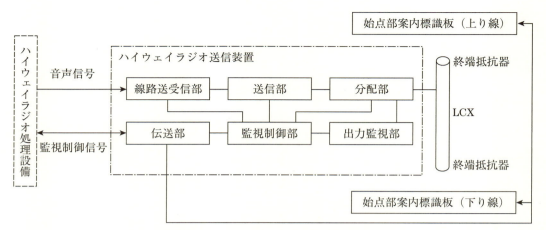

第5.25図　ハイウェイラジオの基本構成

第5.5表　ハイウェイラジオ送信装置の仕様

仕様項目	仕様概要
定格出力	10［W］/50［Ω］不平衡
出力許容偏差	10［W］＋20％～50％以内
送信周波数偏差	±10［Hz］以内（同期信号"断"時）
変調方式	両側帯波振幅変調（DSB-AM）

放送区間では，LCX を道路に沿って布設し，ハイウェイラジオ送信装置の送信部から，LCX を通じて輻射された放送波をラジオ放送として提供するものである．

(3) 基本機能

ハイウェイラジオでは，始点部案内標識板が放送開始地点，周波数（1620［kHz］），優先順位の高い事象を表示し，その区間で繰り返し放送を行う．1放送エリアにおける放送時間は60秒を基本とし，最長120秒放送するためには，同一区間内で情報を法定速度に応じ60秒換算で2回以上確実に提供できる提供区間長が必要である．

提供区間長 L［km］の算出計算式を次に示す．

$$L = \left(\frac{V \times t}{3600}\right) \times 2 \tag{5.10}$$

ただし，t：1回の放送時間［s］
　　　　V：法定速度［km/h］

5.5　ハイウェイテレフォン

(1) 概　要

ハイウェイテレフォン[※]は，ハイウェイラジオと同様の音声合成技術を利用し，道路利用者が地域ごとに割り当てられた専用の電話番号をダイヤルして電話応答装置を介して提供するものである．道路利用者が出発前またはサービスエリアの休憩時に，行き先に応じた路線選択により事前に

交通情報を取得することができ，旅行計画の支援を行うものである．本システムは情報取得に場所を選ばない等，他の情報提供システムに無い特長がある．

※首都高速道路では「首都高テレフォンサービス」，阪神高速道路では「阪神高速テレホンサービス　愛ウェイダイヤル」，名古屋高速道路では「名古屋高速ハイウェイテレホン」と呼ばれている．

（2）基本構成

ハイウェイテレフォンは，ハイウェイラジオとともに聴覚（音声）による情報提供システムであるため，放送文章作成処理まではハイウェイラジオと同様のシステムで行われる（第5.26図）．

電話応答装置は，ハイウェイラジオ処理設備内に設置され，応答文のデジタル録音，電話機からのリクエストに応じて応答を行う．電話応答装置の音声ガイダンスから，プッシュボタンのトーン信号により，エリア単位，路線単位で道路情報や所要時間情報を提供する．また電話応答装置では利用状況の調査のため着信回数などの運用管理も合わせて行っている．

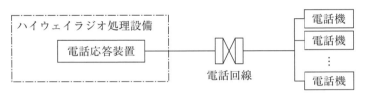

第5.26図　ハイウェイテレフォンの基本構成

5.6　情報ターミナル

（1）概　要

情報ターミナル※は，SA・PAを利用する道路利用者に対して安全かつ快適な走行を支援するために，様々な交通情報を提供する設備である

情報ターミナルは，休憩中の道路利用者に，この先の渋滞，交通事故，各IC間の所要時間等の直接的な情報に加え，現在では本線状況のCCTV映像等の詳細情報，自治体ホームページなどの観光情報などの提供を行っている．

また，スクロールによる文字情報の提供や災害時における緊急情報の表示等も行われ，防災拠点としての情報提供端末の活用も進められている．

※首都高速道路では「インフォメーションコーナー／首都高ナビ」，阪神高速道路では「道路交通情報ターミナル」と呼ばれている．

（2）基本構成

情報ターミナルの端末構成としては，放送型端末装置（第5.27図）とリクエスト型端末装置（キオスク端末）（第5.28図）がある．

放送型端末装置は，あらかじめ指定されたスケジュールにより情報内容を表示するもので，路線図上に通行止め，交通事故等の事象情報をディスプレイに帯表示またはピクトグラムで表示する．

放送型端末の一つであるインフォメーションパネルは，SA・PAに設置され，板面に路線図を描

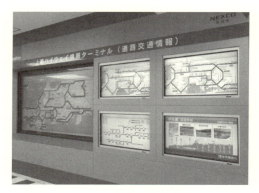

第5.27図　放送型端末装置設置例　　　第5.28図　リクエスト型端末装置設置例

き，路線図上に道路情報が分かるように色表示を行う情報提供端末．通行止（赤色点灯），渋滞（橙色点灯），事故（赤色点滅），工事（緑色点灯），主要ICの所要時間，気象などが表示される．かつてはLED表示が主流であったが，最近ではマルチ大型液晶ディスプレイが採用されている．

　リクエスト型情報提供装置は，第5.29図の首都高ナビのように，放送型端末機能に加えタッチパネル等を用いたメニュー選択方式により，道路利用者が任意に画面選択ができる機能を備えたものである．

　提供情報には，第5.30図のような「交通情報」をはじめ，「所要時間情報」「休憩施設情報」「一般道情報」「自治体ホームページ（観光情報）」「広報情報」などがある．

第5.29図　首都高ナビ画面例　　　　　　第5.30図　道路情報画面例

　また情報ターミナルのシステム構成には，情報ターミナル処理設備から直接情報配信を受ける中央集中方式と，各SA・PAにローカル処理装置を設置するローカル分散方式の二つの方式がある（第5.31図）．それぞれの特長は以下のとおりである．

(a)　中央集中方式

　交通管制センターにWebサーバを設置し，画面や提供情報の追加・変更は中央局のみで行う方式である．全ての端末が中央局のサーバに接続するため，アクセス頻度により応答速度に影響がある．NEXCOでは簡易情報ターミナルとして採用され，ネットワークの高速化に伴い本方式に移行しつつある．

　なお，端末は画面拡張が端末に依存しないシン・クライアントを採用するものが多い．

(b) ローカル分散方式

SA・PAごとにローカル処理装置を設置し，SA・PA内で各端末装置と情報のやりとりを行う方式である．中央局とのアクセス頻度の影響は受けにくい．またローカルで情報の編集ができるため，多彩な情報を提供する場合に選ばれることが多い．

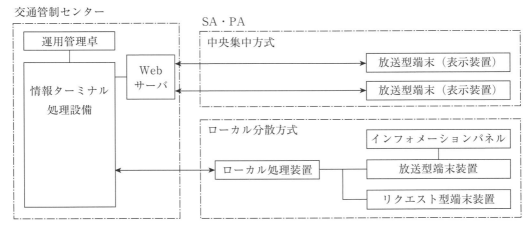

第5.31図　情報ターミナルの基本構成

5.7　まとめ

交通管制における代表的な提供系システムとして，道路情報板，可変式速度規制標識，ハイウェイラジオ，ハイウェイテレフォン，情報ターミナルについて記述した．

今後の取り組むべき課題は，高齢化社会や国際化などへの対応であり，社会情勢の変化に応じた分かりやすい情報提供がユニバーサルサービスとして必要とされるであろう．

また，道路利用者への提示方法の高度化や走光型視線誘導システム[8]のような視覚効果により無意識のうちに運転行動を促す方法など，情報提供の高機能化について研究開発が進められている．

参考文献

(1) 電気学会・道路環境センシング調査専門委員会：「ITS道路交通センシング」，オーム社（2005-05）
(2) 「首都高の交通管制」，首都高速道路パンフレット（2013-11）
(3) 「標識設置要領」，高速道路総合技術研究所，設計要領第五集交通管理施設編標識設置要領他（2014-07）
(4) 「道路標識ハンドブック」，全国道路標識・標示業協会（2013-02）
(5) 伊吹山四郎：「道路工学演習　新訂第2版」，学献社（2000-03）
(6) 野呂影勇：「図説エルゴノミクス」，日本規格協会（1990-02）
(7) 「可変式速度規制標識設置要領」，高速道路総合技術研究所，設計要領第五集交通管理施設編可変式道路情報板設置要領他（2014-03）
(8) 泉隆，高橋友彰，高橋聡，柿沼隆，山口眞治，鷲見護，田子和利：「高速道路交通管制におけるICTの利活用に関する検討」，電気学会ITS研究会，ITS-15-015（2015-06）

第6章 通信ネットワーク

6.1 概　要

　システム構築において，その要素を有機的に接続し機能を発揮させるために，通信技術の占める役割は，きわめて大きい．特に交通管制システムのように広域性のある社会システムでは，その技術の進歩が通信ネットワークを含む通信技術の進歩そのものと言っても過言ではない．

　本章では，通信技術の詳細はそれぞれの専門書に譲ることとし，交通管制システム構築の観点から，通信ネットワークの役割と技術の変遷および交通管制システムへの適用について記述する．

6.1.1　交通管制システムにおける通信ネットワークの役割

　本来，通信とは「ある場所から別の場所へ，意味のある情報を伝達（交換）すること」であり，また電気通信は「有線，無線その他の電磁的方式により，符号，音響又は映像を送り，伝え，又は受けることをいう．」（電気通信事業法第1章　定義　第2条第一号）と定義される．

　交通管制システムは第1章で述べたように，収集系，処理系，提供系設備から構成され，密接な情報のつながりの中で有機的に機能を実現している．また，トンネル防災や設備監視等の他システムとも密接な関係を持っている．第6.1図は交通管制システム関連構成図を示す．その中で通信ネットワーク系設備が各設備をつなぐ役割を果たしており，各設備の特性に合った通信方式で接続

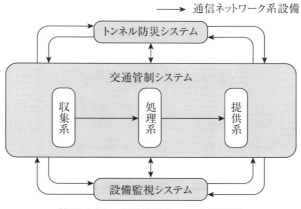

第6.1図　交通管制システム関連図

され，情報のやり取りを可能にしている．

　また，各設備が設置される場所の観点から見ると，道路上あるいは路側に設置される端末設備と，それらと離れた場所に設置され情報処理をする各種中央設備とそれらをつなぐ通信ネットワーク系設備に大別される．通信ネットワーク系設備は，中央設備から端末設備の遠隔監視・遠隔制御等を可能にする役割と，各種中央設備間を結び多量の情報を高速で交換する役割を持つ．

6.1.2　通信ネットワーク系設備

　交通管制および関連するシステムの端末設備は，主に道路上または路側に設置される．端末設備と中央設備間を結ぶ通信ネットワーク系設備の通信方式を大別すると有線通信と無線通信がある．通信方式・情報区分・端末種別・通信用途や対象となる既存設備との通信インタフェースを第6.1表に示す．

　一方，近年の道路網の拡大により情報を伝達する距離は数十［km］から数百［km］にも及び，最近では1000［km］を超えることもある．また，端末設備の効率的な通信および制御監視のため，通信ネットワーク系設備では幹線系からローカル系や端末系までの通信速度や方式の異なる多階層構成が取られている．また，通信ネットワーク系設備に求められる堅牢性，汎用性，可用性，大災

第6.1表　通信ネットワーク系設備の機能分類

通信方式	情報区分	端末種別		通信用途	既存設備との通信インタフェース
有線通信	電話系	非常電話		非常電話による緊急通信	音声
		業務電話		業務用電話による通信	音声
		電話応答		電話による自動応答	音声
	放送通信系	再放送・緊急放送		トンネル内ラジオ再放送・緊急放送	音声
		ハイウェイラジオ		路側からラジオへの交通情報提供	音声
		一斉指令		日常・防災時の一斉指令放送	音声
	データ系	交通管制	車両感知器	車両感知データの伝送	FS-TDM/CDT/IP
			気象観測	気象・地震データの伝送	CDT/HDLC/IP
			道路情報板	提供情報・制御・監視データの伝送	HDLC/IP
			可変規制標識	速度規制の制御・監視データの伝送	CDT/HDLC/IP
			情報ターミナル	提供情報・制御・監視データの伝送	HDLC/IP
			VICS	提供情報・制御・監視データの伝送	HDLC
			管制情報連携	交通管制情報の連携データの伝送	HDLC/IP
		設備監視		設備監視データの伝送	HDLC/IP
		トンネル防災		トンネル防災データの伝送	HDLC/IP
		ETC関連		ETC通過情報・監視データの伝送	IP
		ITSスポット関連		提供情報・制御・監視データの伝送	IP
	画像系	画像伝送	CCTV	交通監視画像の伝送	デジタル/IP
			異常走行検出器	異常走行・突発事象検出情報の伝送	IP
無線通信	無線通信系	移動通信		管理用無線通信	音声
		衛星通信		防災用画像・電話・FAX	CODEC/音声

※音声については，0.3〜3.4［kHz］のアナログ信号に変換されるものもある．

害時の早期復旧に向けた通信技術および低廉化等が，IP ネットワークインフラの技術向上により可能となってきた．有線通信システムの代表的な構成例として，第6.2図に伝送路階層構成の事例を，第6.2表に通信ネットワーク系設備の階層を示す．

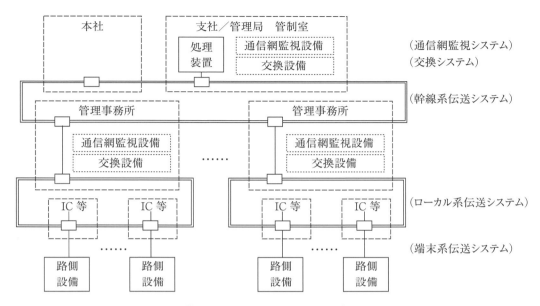

第6.2図　伝送路階層構成の事例

第6.2表　通信ネットワーク系設備の階層

構　成	説　明
幹線系伝送システム	各種中央装置が配備される本社・支社・管理局・管理事務所間を結ぶ幹線となる通信ネットワーク系を構成する設備．音声，データ，画像等の信号は集約多重化して高速で伝送される． 【従来技術】光ファイバケーブルによる同期多重伝送の国際標準化されている SDH 多重方式，非同期方式高速通信である FDDI 方式等． 【IP 技術】NEXCO：ADM（10G），WDM／首都高速道路：L3-SW
ローカル系伝送システム	高速道路網に点在する集約通信設備と管理事務所間を結ぶ通信ネットワークを構成する設備． 【従来技術】SDH 多重方式・PDH 方式 【IP 技術】NEXCO：ADM（150M）／首都高速道路：RPR と L3-SW
端末系伝送システム	路側や道路上に設置された端末設備と集約通信設備を結ぶ通信システムを構成する設備． 【従来技術】メタリック伝送 【IP 技術】NEXCO：RPR，光メディアコンバータ／首都高速道路：RPR と L3-SW
交換システム	業務電話等の回線交換を行うための設備． 【従来技術】交換装置 【IP 技術】IP 交換機：SIP サーバ
通信網監視システム	通信システムの運用状況を監視し，回線試験や回線切替を行うための設備． 【従来技術】ネットワーク監視装置（NMS） 【IP 技術】IP-NMS 等
伝送媒体	幹線系，ローカル系については光ファイバケーブル，端末系についてはメタリックケーブルが主に使われる． 【従来技術】光ファイバケーブル，メタリックケーブル等 【IP 技術】光ファイバケーブルおよび波長合波による多重化等

6.1　概　要

6.2 技術の変遷

通信技術はその進歩の経緯から，従来伝送技術と IP 伝送技術に大別される．従来伝送技術はデータ伝送や画像伝送等のデータ種別ごとに帯域を占有する方式で進歩した．IP 伝送技術は屋内通信網である構内 LAN から進歩しており，それぞれの変遷を述べる．第 6.3 図に通信技術の変遷（首都高速道路）として，1988 年の機器設置合計数を基準（100％）とする年度別の適用率を従来伝送技術と IP 伝送技術に分けて表す．

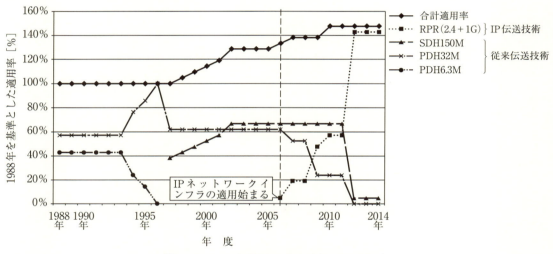

第 6.3 図　通信技術の変遷（首都高速道路）

6.2.1 従来伝送技術

（1）データ伝送

交通管制システムが導入され始めた昭和 40 年代は，データ伝送技術がまだ発展途上にあり，屋外設備等への監視制御のための通信は，電話・電信に準じた方式が採られた．このため伝送速度も 50〜200 bps 程度の低速度であり情報量も限られていたため，伝送方式もシステムにより独自方式が採用された．その後の技術の発展により，伝送速度の高速化や手順の標準化を目指す方式が提唱された．その一つが CDT 方式であり，固定的なタイミングのデータ伝送ではあるが，リアルタイムで大量データ伝送を可能にした．一方端末設備の多様化により自由なタイミングでのデータ伝送や高信頼性を確保した大容量伝送が求められるようになり，HDLC 方式が採用された．これらの既存インタフェースではメタリックケーブルでも伝送可能な音声帯域が用いられ，現状でも路上端末設備とのデータ伝送で多数利用され安定した稼働実績を持っている．また幹線系伝送システムやローカル系伝送システムでは，これらの既存インタフェースの専用チャネルや通信ポートに応じて固定的な伝送帯域を必要とする SDH 方式や PDH 方式を採用したため，伝送品質も高品質で優れていた．SDH 方式は光ファイバケーブルを用いた高速デジタル通信方式の国際規格化がなされており，既存インタフェースや IP インタフェースを備え，各設備間を結ぶ重要な通信設備として導

入され稼働してきた．近年ではインターネットの発展とともに，幹線系伝送システムやローカル系伝送システムおよび端末系伝送システムと上位伝送システム間もIP伝送方式が採用され，端末設備等の既存インタフェースとIP伝送方式の混在接続を可能とするための工夫をIP変換装置で実現している．既存の端末設備の通信インタフェースを変えずにIP変換技術を用いてそのままIP化へ移行する手法や，端末設備のインタフェースを集約してIP化する手法，ならびに端末設備更新時にIP化を図る等のIPネットワーク技術の適用拡大が図られている．

(2) 画像伝送

CCTV等の画像による交通流の監視は，交通状況をリアルタイムに把握できることから，交通管制システムの初期の段階から主要設備として導入されている．一般にCCTV等の画像信号は50［Hz］〜4.5［MHz］の広い周波数帯域を有しており，これらの信号をどのような方式で長距離伝送するかが課題であった．初期段階では，伝送媒体として同軸ケーブルや低損失（Low Loss）平衡ケーブルを使うメタリック方式であった．交通管制システムでは，数十［km］から数百［km］もの広範囲監視が必要である．現在は光ファイバケーブルの普及に伴い，雑音に強く無中継距離の長い光ファイバケーブル方式が採用されるようになり，主流となっている．光ファイバケーブル方式の変調方式には，アナログ光伝送方式，D-IM方式，PFM-IM方式，デジタル光伝送方式としてPCM-IM方式が伝送距離に応じて使い分けられてきた．CCTVとモニタを1対1で接続する従来伝送技術であったが，光ファイバケーブルの高度利用に伴う光IPネットワークに切換られるとともに，IP伝送が主流となっている．動画伝送にはMPEG-2やH.264の方式が採用されている．また管理事務所や管制室の複数箇所で同時に映像閲覧が可能なマルチキャスト方式も採用されている．

(3) マルチメディア伝送

交通管制システムは，多種多様な端末設備から構成されており，情報内容も監視や制御データ，画像，音声と様々な情報形態となっている．各情報に対する通信はデータ量，通信速度，周波数帯域等の違いから個別に構築されてきたが，デジタル化や通信速度の高速化に伴い，統合化したマルチメディア伝送へと展開しており，その境界はしだいに不明確になりつつある．最近では屋外端末機器に対してもIP化が進められている．

交通管制システムの通信ネットワーク系設備として特徴的なデータ伝送，画像伝送等の通信は，第6.1表のように分類されている．既存インタフェースをIP変換した接続例を次に示す．

・電話系，放送系の音声インタフェースは，音声IP変換後IP伝送され，受信側で音声に再変換
・FS-TDM，CDTの音声インタフェースは，音声IP変換後にデータ集約を含めて上位接続
・HDLCのV.11インタフェースは，HDLC方式にIPアドレスを加えIPで上位接続

6.2.2 IP伝送技術

IP伝送技術は，同じ屋内にある通信設備やコンピュータと端末設備等の間で，データを大量に高速でやり取りする構内通信網のLANとして構築されてきた．伝送媒体もメタリックケーブル（同軸ケーブルを含む）のスター型の構成であった．インターネットの発展とともにインターネットの

通信標準プロトコルである TCP/IP 方式が普及した．それとともに 10 〜 1000［Mbps］のメタリックケーブルや光ファイバケーブル等の LAN ケーブルも規格化され，利用可能となっている．また IP 伝送は色々な情報を共用の媒体で通信するベストエフォートサービスであるため，交通管制システムに適用するに当たり，通信速度の変動低減や通信品質の確保に向けた様々な工夫が施されている．例として，アクセス制御や QoS コントロールで通信品質の優先性を確保する工夫や，トランスポート層を UDP により規定した通信手順により高速性を確保する工夫を実施している．さらに可用性と信頼性の高い IP 伝送技術の一つとして RPR（Resilient Packet Ring）がある．RPR は，IEEE802.17 で標準化され，障害時にすばやく復旧できるパケット多重リングの実現により安定した社会システムとして利用されている．

6.3 IP ネットワークインフラ

IP 伝送技術の進歩に伴い，幹線系伝送システムやローカル系伝送システムも IP 化されデータ種別が混在して伝送されている．伝送システムとして，これら混在したデータの端末設備ごとの性能要求を満足するための工夫が施されており，光 IP 装置と IP 変換装置に分けて述べる．

6.3.1 光 IP 装置

従来の交通管制システムの通信ネットワークは，SDH 装置や PDH 装置で構成され，中央設備と路上設備は 1 対 1 の固定接続が基本で，その構築に制約を受ける場合が多かった．IP ネットワークを整備することで 1 対 N の接続が可能となり，システム構築の自由度が上がった．首都高速道路では，IP ネットワークインフラの構築において高品質の通信回線を確保し IP パケットの輻輳や欠落を発生しにくい仕組みとして，データ種類による分類優先方式を採用した．データ種類により①最重要（防災設備データ等），②重要（多少のパケットロスは許可されるカメラ画像等），③再送処理を持つリアルタイム性を必要としない端末データに 3 分類した．分類したデータに合わせて RPR で 3 段階の帯域制御を設定し，L3-SW で優先制御する等により通信品質を確保する構成とし

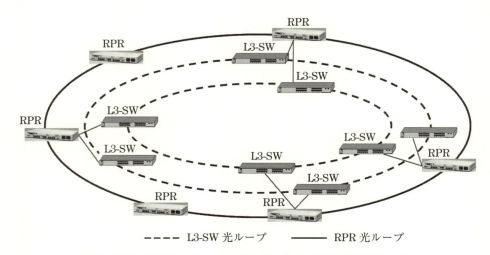

第 6.4 図　通信ネットワーク系設備の構成（首都高速道路の例）

ている．併せて，災害時に異常系統を一括で切替える等の仕組みを導入した．

RPR光IP装置は，帯域2.4［Gbps］の伝送が可能であり，道路関連のデータ容量の増大を見込んだネットワークとなっている．第6.4図に交通管制システムにおける通信ネットワーク系設備の構成（首都高速道路）を示す．基幹をRPRで構成し，ネットワーク層を制御するL3-SWを設置した構成としている．

6.3.2 IP変換装置

通信ネットワーク系設備におけるIP化移行では，まず既設の端末設備を更新することなくIPネットワークに対応する必要がある．このため既存インタフェース（低速モデム，音声，電話，シリアルデータ等）を上位レイヤプロトコルに依存せずIPパケット化できるIP変換装置が考案された．IP変換装置は，様々な既存インタフェースに対応するために，IPネットワークで発生する遅延・揺らぎに対応する機能や，非同期IPネットワークにおいても同期データを伝送するための機能を

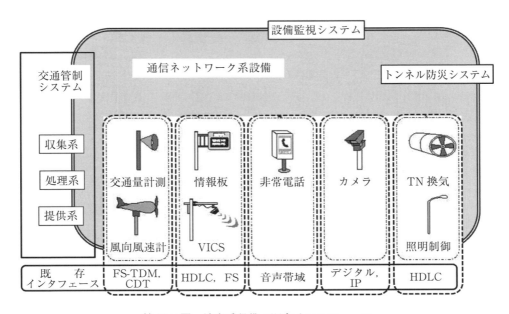

第6.5図　端末系設備の既存インタフェース

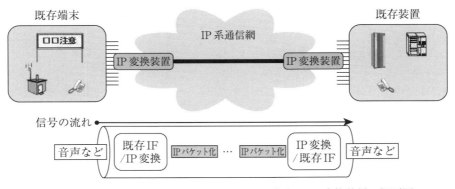

第6.6図　既存インタフェースを1:1でIP化するIP変換装置の概要図

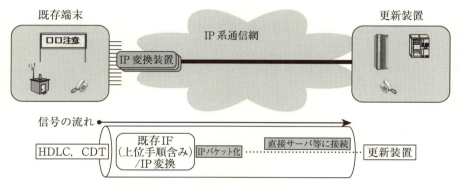

第 6.7 図　接続プロトコル手順を含めて IP 化する IP 変換装置の概要図

搭載している．第 6.5 図に端末系設備の既存インタフェースを示す．また，IP 変換装置の概要図を第 6.6 図と第 6.7 図に示す．

　第 6.6 図は既存インタフェースを 1 対 1 で IP パケット化する IP 変換装置の概要図である．既存インタフェース（音声，V24 等）を Ethernet（IP パケット）へ変換し，IP ネットワークに接続し，もとの既存インタフェースに再変換して既存端末と接続する．IP 変換装置を利用することで，既存端末の更新より優先して，IP ネットワークの更新を可能にする有効な手法である．

　第 6.7 図は，接続プロトコル手順を含めて IP 化する IP 変換装置の概要図であり，既存端末の既存インタフェース（HDLC，CDT，V24 等）に加えて上位装置との接続手順も含んだ形で Ethernet（IP パケット）へ変換し，IP ネットワークに接続する．本方式は，既存端末の更新より優先して，IP ネットワークと中央系設備の更新を可能にする有効な手法である．

6.4　まとめ

　通信ネットワークは，道路網への光ファイバケーブル整備とサービスの拡大に伴い，携帯電話，無線 LAN，移動体通信，衛星通信との接続を含め IP ネットワークインフラの高速大容量化と高信頼化，さらには大規模災害時の迅速な迂回ルート確保を含む可用性の対応が求められている．将来，車はさらにインテリジェンスを持ち，車車間通信，路車間通信などの通信形態も考えられ，DSRC や路上アクセスでの無線 LAN による路上末端までを IP 化するネットワークインフラが必要になると予想される．一方で増大する IP 機器やネットワークインフラの効率的な運用と維持管理のためにも，SDN（Software Defined Networking）適用検討が望まれる．SDN は，IP ネットワーク内のデータ転送や経路制御などの設定をソフトウェアにより一元管理するものである．サーバ仮想化と IP ネットワーク仮想化を一体的に構築することでシステム全体の仮想化も可能となる．また，大規模災害時は，光ファイバケーブルも物理的に切断され通信ネットワークも分断された．大規模災害時のディザスタ・リカバリとして通信ネットワークの果たす役割も高く期待されており，最新のネットワーク強靭化技術の MPE（Multi Pass Ethernet）や TRILL（Transparent Interconnection of Lots of Links）の適用により強靭な情報ネットワークも可能となり，さらなる利便性・信頼性・可用性・継続性の向上が期待できると考えられる．

通信ネットワーク系設備における既存設備のデータ伝送方式とその事例

第6.1表「通信ネットワーク系設備の機能分類」の既存設備との通信インタフェースの中で，これまでに使用実績のある FS-TDM・CDT・HDLC のデータ伝送方式を解説する．それぞれの事例を第1図から第3図に示す．

(1) FS-TDM (Frequency Shift - Time Division Multiplex)

周波数偏移変調－時分割多重方式のことで，連続的に変化する複数の情報をデジタル化と位相を変えて多重化させ，さらに一つの搬送波に，複数の送信チャネルを時間軸上で多重化して伝送する方式である．交通管制システムでは，交通量計測として路側のループコイルで車両を感知し伝送装置により上位の一次処理装置まで FS-TDM 方式でデータ伝送する．

(a) 車両感知器のデータ伝送（路側車両感知器の伝送装置～一次処理装置）

① 伝送方式　　周波数偏移変調 - 時分割多重方式（FS-TDM）
② 伝送速度　　50 bps
③ 送信周波数偏移　中心周波数(F_n) ±35 Hz
　　　　　　　　(F_n) は 425 Hz から 170 Hz 間隔で 3315 Hz までの 18 波
④ 車両の有無に応じ，感知時(F_n) +35 Hz，未感知時(F_n) -35 Hz の周波数に割り当てて伝送する．1回線（音声帯域 0.3 ～ 3.4 kHz）で18感知器分を伝送できる．

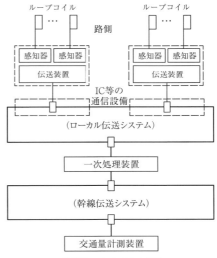

第1図　FS-TDM の事例

(2) CDT (Cyclic Digital-data Transmission)

サイクリックデジタル伝送方式のことで，データを符号化（コード変換）して繰返しデジタル伝送する方式である．設備状態，監視情報や計測信号等の伝送と設備の制御信号を伝送し，交通管制システムでは，交通量計測情報や各施設の監視設備のデータ伝送として用いられてきた．交通量計測では路側の超音波ヘッドで感知し，伝送装置により上位の受信装置まで CDT 方式でデータ伝送する．

(a) 車両感知器のデータ伝送（路側車両感知器の伝送装置～受信装置）

① 伝送方式　　時分割多重化サイクリック方式（CDT）
② 伝送速度　　1200 bps
③ 送信周波数偏移　中心周波数（1700 Hz）±400 Hz
④ 同期方式　　調歩同期方式
⑤ 車両の有無に応じ，感知時「1」，未感知時「0」でとして時分割で伝送する．1回線16感知器分を伝送できる．

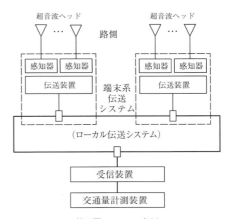

第2図　CDT の事例

(3) HDLC (High Level Data Link Control procedure)

従来の CDT に代わって採用された高速大容量化が可能なデータ伝送制御手順の一つで，基本形データ伝送制御手順（JIS X 5002）に比べ，任意のビットパターンが送れる，厳密な誤り制御が行われるなどの利点がある．IP 化が図られる前までは，交通管制システムの各路側設備と中央設備間や各中央

6.4　まとめ

設備間のデータ伝送に用いられた高信頼・高効率で汎用的な手順であり，データ内容は各装置間で定義することが可能となっている．IP 化前の提供系では，監視や制御情報を路側の道路情報板と監視制御盤ならびに，監視制御盤と情報板中央処理装置まで HDLC 方式でデータ伝送する．

　(a)　道路情報板のデータ伝送（道路情報板〜監視制御盤）
　① 伝送制御手順　　HDLC
　② 伝送速度　　2400 bps（料金所情報板は 9600 bps）
　③ 通信方式　　両方向交互伝送（半二重）

　(b)　道路情報板のデータ伝送（監視制御盤〜情報板中央処理装置）
　① 伝送制御手順　　HDLC
　② 伝送速度　　48 kbps
　③ 通信方式　　両方向同時伝送（全二重）

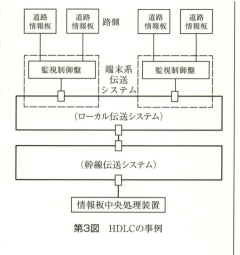

第3図　HDLC の事例

第7章 交通管制関連システム

7.1 概　要

これまでの章では，交通管制システムの全体像，交通管制システムを構成する収集系・処理系・提供系等について述べてきた．本章では，各種装置を組み合わせることにより実現した交通管制関連システムから，以下の五つのシステムについて述べる．
・AVI システム
・渋滞末尾表示システム
・休憩施設混雑表示システム
・突発事象検出システム
・非常電話システム

7.2　AVI システム（車両番号読取装置）

AVI（Automatic Vehicle Identification）システム（車両番号読取装置）は，何らかの方法により個々の車両に与えられたユニークな番号を認識して，個々の車両を把握する技術であり，①車両の前後に取り付けられているナンバープレートを道路上に設置した CCTV を使って認識する方式や，②車両ごとにユニークな番号が付与されている車載器と路側装置間の無線通信により個々の車両を認識する方式などがある．また，個々の車両を認識した結果は，路側装置が設置された2地点間の旅行時間計測や，OD 情報収集などに活用されている．本項では，①のナンバープレート認識方式について述べる．

本システムは，第 7.1 図に示すように，カメラ部・処理部からなり，路側に設置される路側処理装置と中央装置から構成される．

(1)　カメラ部
走行している車両のナンバープレートを含む映像を撮影するものである．
(a)　解像度
漢字の場合が多くかつ文字サイズも小さい陸運支局名（第 7.1 図では「なにわ」）を認識する必要があるので，道路監視に用いられる CCTV に比べて，高解像度の CCTV が採用されている．

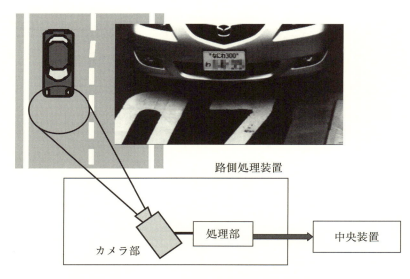

第7.1図 ナンバープレート認識方式のシステム構成

(b) 感度

夕方，夜間時の文字認識に備えて感度の高い CCTV を採用する必要がある．また，夜間での文字認識に備えて照明部を搭載するが，道路利用者への幻惑を防ぐために近赤外光が一般的に採用されている．

(c) 天候への対応

天候は得られる画像の質に大きな影響を与える．大雨や雪，結露に備えて，カメラ前面のガラス用にワイパやデフロスタ等を装着している．

(2) 処理部

カメラ部で撮影した映像からナンバープレート領域を抽出する処理と，抽出したナンバープレート領域の画像から文字認識を個々に行い，ナンバープレート情報を特定する処理を実行する(第7.2図)．

(a) 抽出処理

カメラで撮影した画像を二値化処理し，ナンバープレートの形状や文字配置の特徴などに基づいて，ナンバープレート領域の抽出を行う．

(b) 文字認識・ナンバープレート特定処理

処理部内に保有する文字に関わるデータベースをもとにナンバープレート領域内の文字認識を行

第7.2図 ナンバープレート情報特定処理

う．計測条件によってナンバープレート内の文字の大きさや傾きなどが変動するため，文字の大きさの正規化や傾き補正を行う．また個々の文字認識した結果を寄せ集めて，ナンバープレート情報とする．

(3) 中央装置

処理部でのナンバープレート情報の特定結果をもとに，各種応用処理を行う装置である．例えば2地点間の旅行時間計測は，同一のナンバープレートと特定された車両が二つの路側処理装置間を通過する時刻の差を求めることにより実現する．

7.3 渋滞末尾表示システム[1]

高速道路における交通事故の中で，追突事故の占める割合は高く，渋滞末尾における死傷率はきわめて高い．これは渋滞による停止車両と接近する後続車両の速度差に起因する．このため，前方の渋滞状況を後続車両に伝えて減速や注意を喚起する渋滞末尾表示システムは事故予防に有効である．

渋滞末尾表示システムは，渋滞末尾検出機能と情報提供機能から構成される．渋滞末尾は，交通流における渋滞・混雑領域と自由流領域の境界であることから，対象範囲に存在する車両の速度分布や密度分布を計測することによって求められる．これには，複数の車両感知器からの情報をもとに渋滞末尾を検出する方式が実用化されている．情報提供については，路側に設置された表示板により提供する方式が一般的であるが，ITSスポットなどを活用して情報提供する方式も実用化されている．

7.3.1 首都高速道路での運用例

首都高速道路においては，渋滞末尾での事故を防ぐために，道路サグ部等渋滞が頻繁に起こる場所の手前に渋滞末尾情報板を設置し，すぐ先の渋滞状況を道路利用者へ知らせている．渋滞情報は，本線上に約300［m］間隔で設置されている超音波式車両感知器から収集したデータをもとに作成

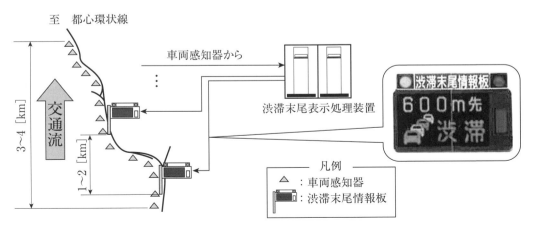

第7.3図　渋滞末尾表示システムの構成

している．渋滞末尾表示システムの構成を第7.3図に示す．

(1) 渋滞状況と検出

渋滞末尾を正確に捉えるため，首都高速道路の渋滞状況の調査が行われた．渋滞延伸の速度や渋滞時の疎密波の発生状況を観測した結果，渋滞延伸速度は約18 [km/h] に達する場合があり，激しいアコーディオン現象も発生することが確認された．この調査結果に基づき渋滞末尾表示システムでは，渋滞判定に平均速度を利用し，渋滞判定（提供）周期は10秒とした．

第7.4図に10秒周期の平均速度をもとに作成された渋滞検出状況の一例を示す．図の渋滞列の感知状況から自由流領域と渋滞・混雑流領域の境界を求め，渋滞列の上流地点側を渋滞末尾地点と判定している．

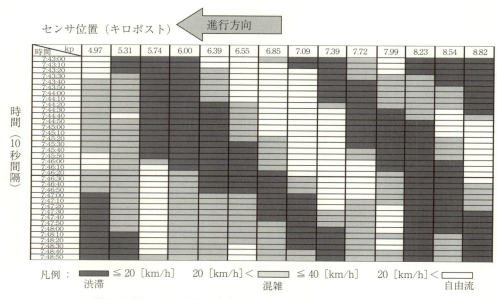

第7.4図　10秒周期の速度データに基づく渋滞検知状況の例

(2) 渋滞末尾遭遇地点の予測

道路情報板で渋滞末尾情報を提供する場合，渋滞が時々刻々と変化するため，情報内容への考慮が必要となる．このため，表示板から渋滞末尾地点までの現在の距離を表示するのではなく，情報

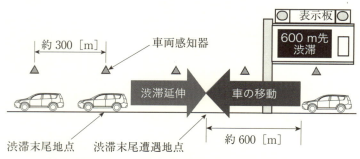

第7.5図　渋滞末尾遭遇地点までの距離の予測表示

板付近を通過中の車群が渋滞末尾に遭遇するであろう場所までの距離，すなわち渋滞末尾遭遇地点までの距離を予測し，表示している．

第7.5図では，表示板地点の車両が渋滞末尾に遭遇する地点を600［m］先と予測したため，表示板に「600 m先渋滞」が表示されている．

7.3.2　名古屋高速道路での運用例

名古屋高速道路の11号小牧線の小牧北出口付近では，一般道交差点からの渋滞延伸による本線渋滞が発生する．追突事故防止対策として，渋滞末尾表示システムが導入されている．具体的には，本線上に設置された画像センサや超音波式車両感知器から収集した情報をもとに渋滞末尾を検知し，本線上の2箇所（出口2［km］手前および3.2［km］手前）に設置された渋滞末尾表示板で注意喚起を行っている（第7.6図）．

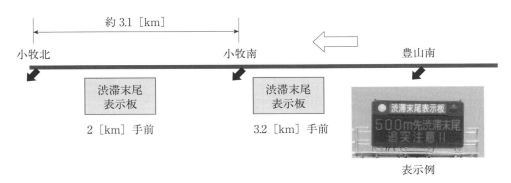

第7.6図　名古屋高速道路での運用例

7.4　休憩施設混雑情報システム

高速道路上の休憩施設（SA・PA）は，運転時の疲労回復，トイレ休憩等，道路利用者の安全運転確保上必要不可欠なものである．休憩施設は高速道路にほぼ一定の距離間隔で整備されているが，大都市近郊や特徴のある休憩施設に利用が偏る傾向がある．高速道路本線上に，休憩施設の利用平準化を目的とした休憩施設混雑情報システムが導入され，利用の分散を図っている．さらに休憩施設内においても，駐車場内で駐車ブロック・駐車マスの状況を提供することで，円滑な駐車誘導を行うシステムが東名高速道路の一部および新東名高速道路に導入されている．

7.4.1　駐車状況の計測方式

第7.1表に駐車状況を計測する代表的な方式を示す．

導入初期は，休憩施設の出入口に設置した車両感知器が計測した出入台数の差から駐車状況を計測する方式（入出計数方式）があったが，車両感知器の計測誤差が内部の駐車台数推定に直接影響する上に，時間経過とともにその計測誤差が累積されていくため，広く普及することはなかった．

現在は，休憩施設の駐車スペース内にある照明柱等の高所にCCTVを設置し，撮影された映像を画像処理することにより，駐車スペースの混雑状況を計測する方式が広く採用されている[2]（第

7.7図）．本方式においてCCTVの台数を減らすために，代表領域の駐車マスの状況から全体の駐車状況を推定する方式（内部推定方式）が一般的に使われてきた．しかしながら，天候条件のほか，ミニバン等の車高の高い車の混入比率の増加に伴う車両の重なりによって計測精度低下が発生し，適切な駐車場誘導が機能しない場合があった．そこで，近年は新たに，磁界式センサ等を駐車マス

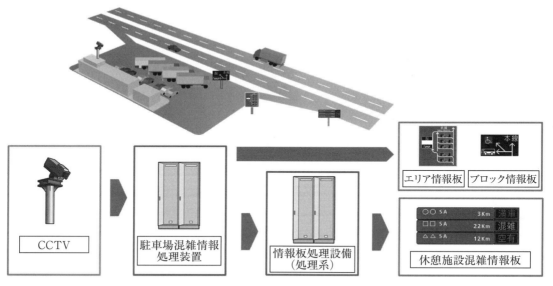

第7.7図　画像処理技術を用いた休憩施設混雑表示システムの構成

第7.1表　代表的な駐車状況の計測方式

	入出計数方式	内部推定方式	全駐車マス監視方式
概要	駐車場の出入口の通過車両台数を計数し，駐車状況を判定する方式	全体駐車状況と相関の高い代表領域の駐車マスを監視し，全体の駐車状況を推定する方式	全駐車マスを監視し，駐車車両が存在する駐車マスを合計し，判断基準と比較して駐車状況を判別する方式
適用するセンサ	交通量センサ，AVI（車番読み取りセンサ）	CCTV（画像処理）	CCTV（画像処理），磁界式
判定範囲	①駐車場全体での判定 （②車種別の判定）	①駐車場全体での判定 ②車種別の判定 ③駐車ブロック単位での判定	①駐車場全体での判定 ②車種別の判定 ③駐車ブロック単位での判定 ④駐車マス単位の判定
判定基準	①満車，混雑，空車の3段階による判定 ②推定駐車率による判定	①満車，混雑，空車の3段階による判定 ②推定駐車率による判定	①満車，混雑，空車の3段階による判定 ②駐車率による判定
情報提供水準	①本線上での情報提供	①本線上での情報提供 ②ブロック単位による情報提供 （一部監視領域のみ）	①本線上での情報提供 ②ブロック単位による情報提供 ③駐車マス単位による情報提供
精度	センサ誤差の累積が生じ，定期的な補正が必要となるため，精度は最も悪い	代表領域の駐車マスを監視するため，精度は代表領域の設定に左右される	精度は他の方式に比べ最も高い
経済性	出入口のみへのセンサ配置となり最も安価に構築できる	一部の箇所へのセンサ設置で済むため，比較的安価に設置できる	規模に応じてセンサ数が増加するため，最も高価になる
適用条件	定期的な手動補正が可能な場合に適用可能	代表領域を設定する場合，事前に相関の高い領域の調査が必要	設置・維持管理コストが課題

ごとに設置して，車両の存在有無を直接検出する方式（全駐車マス監視方式）が採用されている[3]．車両近傍にセンサを配置するため原理的に高い検出率が実現できるが，設置・維持管理コストに課題がある．

新東名高速道路清水PAにおいては，磁界式センサにおける弱点である配線・配管が必要となる施工性や，埋設センサ特有の故障時対応を改善するために，第7.2表に示す対策を講じたセンサを整備した．運用開始後の計測精度検証においても，95％を超える車両計測精度が得られている．

第7.2表　磁界式センサの施工性・維持管理性向上策

小型車マスでの対応	大型車マスでの対応
センサを自立型車止め内部に実装	超高強度繊維補強コンクリート製センサボックスを製作

7.4.2　駐車情報の提供

計測した駐車情報は，交通管制センター経由で本線上の休憩施設手前に設置された休憩施設混雑情報板（本線情報板）に表示される．この際，複数の休憩施設の駐車スペースの混雑状況を比較表示する．複数表示によって，道路利用者の特定の休憩施設への利用集中を回避することを狙っている．さらに，駐車マスごとの車両の存在有無を検出し全マス監視を行っているSA・PAにおいては，駐車場内に設置したブロック情報板に車種ごとに駐車可能な駐車ブロックや駐車マス単位を表示するなどして，駐車場内での車両の誘導も実現している．駐車誘導表示の例を第7.8図に，駐車マスごとの車両誘導表示の例を第7.9図に示す．

本線上近隣休憩施設の混雑状況を表示
(a)　本線情報板

駐車場全体の混雑状況を表示
(b)　全体情報板

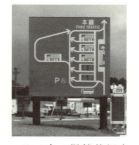
エリア内の混雑状況を表示
(c)　エリア情報板

ブロックごとの混雑状況を表示
(d)　ブロック情報板

第7.8図　駐車誘導表示（新東名高速道路SA・PA）

第7.9図　駐車マスごとの車両誘導表示（新東名高速道路清水PA）

7.5　突発事象検出システム

高速道路の本線で発生した突発事象を自動で速やかに検出して，現場の後続車両や管制員に早期に通知して，二次災害の未然防止と事故処理の迅速な実施を図るものである．見通しの悪い曲線部における停止車などを検出する突発事象検出システムや，トンネル内での停止車などを検出するトンネル内異常事象検出システムがある．

7.5.1　突発事象検出システム[4]

本システムは，急カーブなど見通しが悪い地点に設置したCCTVで撮影した画像の処理により，停止車両の直接検出，異常走行軌跡車両の検出，交通流異常などの突発事象を検出した場合に，監視場所の上流数百［m］の地点に設置した専用情報板に注意情報を表示する（第7.10図）．また同時に，管制室に突発事象検出を通知し，かつ管制室内のモニタテレビに発生地点の映像を表示する．管制員は，モニタテレビの映像で事象の内容を確認した上で，警察や消防への通報，専用情報板に表示した注意情報をより正確で適切な情報（例「右側事故注意」）への変更など，二次災害を未然に防ぐための対応を行う．システム構成を第7.11図に示す．

突発事象の検出においては，背景差分，時間差分，オプティカルフロー等の各種画像処理アルゴリズムを使用し，個々の車両の挙動を活用している．

第7.10図　情報の表示例

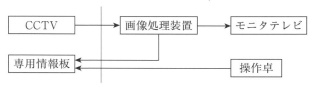

第7.11図　突発事象検出システム構成

7.5.2　トンネル内異常事象検出システム[5]

本システムは，トンネル内に設置されているCCTV映像を処理することにより，トンネル内で発生した異常事象（停止車，低速車，渋滞，避走，落下物等）を検出するものである．異常事象を検出すると，管制室内モニタテレビの映像を異常事象発生地点およびその前後のカメラ映像に自動的に切替えて固定するとともに，操作卓の画面上にアラーム表示を出して管制員に異常事象の発生を通知して，二次災害防止へ向けた処置を促す．中央自動車道恵那山トンネルや首都高速道路山手トンネルのような長大トンネルにシステムが整備されている．システム構成を**第7.12図**に示す．

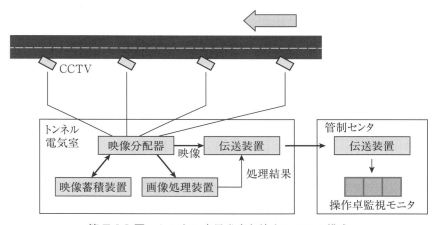

第7.12図　トンネル内異常事象検出システム構成

7.6　非常電話システム

非常電話システムは，非常電話と非常電話用交換機および受付操作卓で構成されている．非常電話は，高速道路上で事故など非常事態発生時に，道路利用者が高速道路の管理者などに速やかに連絡できるように路側やトンネル内に設置した非常用の電話機である．受話器を取ると非常電話から直接交通管制室につながり通話ができる．非常電話は，高速道路の左路肩に500［m］間隔（都市内高速道路）または，1［km］間隔（都市間高速道路）で設置されており，さらに，IC，SA・PA，バスストップ，非常駐車帯にも設置されている．トンネル内には，約100［m］間隔（都市内高速道路）または，200［m］間隔（都市間高速道路）で左路肩に設置されている．

交通管制員は，非常電話からの着信に対して受付操作を行い，利用者との会話等により状況把握と必要に応じた迅速な対応を図る．また，必要に応じて警察や消防，レッカー会社等との関連機関

への転送も行う．

(1) 構成概要

従来方式では，自動交換機（E-PBX）からネットワーク設備を介して，現場に近い電気室等に設置された線路延長装置（LSV）と接続され，LSVより屋外メタリックケーブルを通じて路側に設置された非常電話と接続される．IP方式では，IP交換機（IP-PBX）とIPネットワーク設備を介して，現場のIP機器（IP-アクセスネットワーク設備やHUB）を介して，IP非常電話に接続される．

(2) 役割

緊急事態通報押しボタン（事故・火災・故障・救急の絵柄）機能付きのものに加えて，IP方式では，非常電話個体で地点識別可能等の機能向上が図られている．すなわち，非常電話の発信場所の識別が，従来方式ではグループ単位であるのに対し，IP方式では非常電話個体単位であり，地点識別がより詳細に可能となっている．運用面では，従来方式もIP方式も同じであるが，IP方式では，大規模災害等で交通管制室が被災した場合でも，他の交通管制室で受付可能等，BCP（事業継続計画）対策を含めた道路利用者や管理者への利便性向上が図られている．第7.13図に従来方式の概略図を，第7.14図にIP方式を加えた概略図を示す．また，第7.15図に外観例を示す．

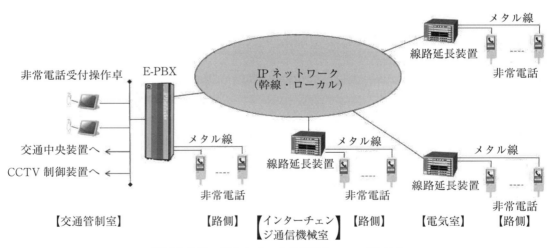

第7.13図　従来方式の非常電話システム概略図

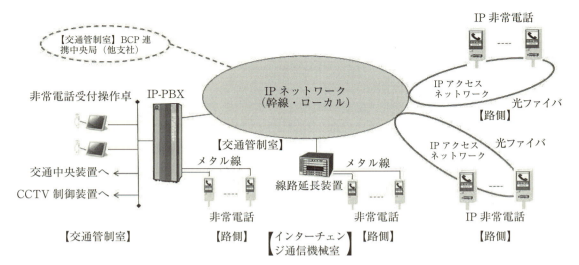

第7.14図　IP方式を加えた非常電話システム概略図

(a) 非常電話外観

(b) IP非常電話外観

(c) IP非常電話本体（緊急ボタン付）

第7.15図　非常電話機外観例

7.6　非常電話システム

RFID を使った AVI システム

AVI システムを実現する他の技術として，RFID（Radio Frequency Identification）を使って車両を認識する方式について説明する．

RFID は，電波を用いて非接触でデータキャリアを認識する技術であり，車両に搭載されたデータキャリアとなる IC タグと，路側に設置されたリーダライタから構成される．IC タグには，電源が不要なパッシブタグと電源を必要とするアクティブタグがある．（第 1 図にシステム構成を示す）

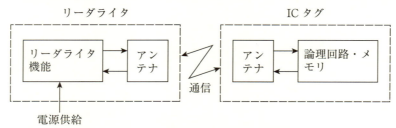

第 1 図　RFID 方式のシステム構成

また通信方式には，電磁誘導方式，電波方式があるが，5 [m] 離れた遠隔での通信が可能な電波方式について説明する．

(1) 使用周波数帯

電波方式で使用できる周波数は UHF 帯の 900 MHz 帯とマイクロ波帯の 2.45 GHz 帯がある．前者については，当初 950 MHz 帯（950〜958 MHz）が割り当てられていたが，国際的な周波数の協調の中で，920 MHz 帯（915〜928 MHz）が 2012 年（平成 24 年）7 月より新たに割り当てられるようになった．一方，後者については，ISM（Industry Science Medical）バンド内の 2.45 GHz 帯を使用するため，電子レンジや無線 LAN 装置，さらにはアマチュア無線局からの妨害を想定する必要がある．

(2) 規格

規格については ISO 18000 の中で議論され，900 MHz 帯（920 MHz 帯）については ISO 18000-6，2.45 GHz 帯については ISO 18000-4 として規格化された．

参考文献

(1) 鯨井新一，俣野雅彦：「渋滞末尾表示システムの首都高速道路への導入」，電気学会道路交通研究会，RTA-98-25（1998-12）
(2) 若井昌彦，佐藤元久：「画像処理による高速道路休憩施設の混雑状況把握と提供」，電子情報通信学会技報，SST98-34，SANE98-66，pp.23-27（1998-10）
(3) Takahashi, Yamamoto, Miyake, Tago, Muramatsu,「Evaluation of Operating Magnetic-Field Sensors in Dynamic Parking Lot Vacancy Information System for Expressway Rest Areas」，20th ITS World Congress（2013-10）
(4) 「知的交通計測」，電気学会技術報告，第 512 号（1994-09）
(5) 池田健次，中谷邦則，徳留秀樹：「阪神高速道路の交通管理における画像処理技術の応用」，電子情報通信学会技報，SST98-35，SANE98-67，pp.29-35（1998-10）

第8章 ITS

8.1 概要

本書に記載されている交通管制に関わるシステムは，基本的にはITSの範疇に位置づけられるが，従来から取り組まれてきた交通管制の延長線上にあるシステムと，1996年以降にITSとして取り組まれてきた，もしくは現在取り組まれているシステムとを区別するために，本章では後者をITSと定義して記述する．

また，本章では交通管制に係るITSの代表的なシステムについての解説を中心とし，ITS全体の取り組みや歴史については11.3節で述べる．

8.2 ITSとは

ITS（Intelligent Transport Systems：高度道路交通システム）は，「道路交通の安全性，輸送効率，快適性の向上等を目的に，最先端の情報通信技術等を用いて，人と道路と車両とを一体のシステムとして構築する新しい道路交通システムの総称」[1]であり，世界各国や地域で取り組まれている．

ITSは研究開発の経緯から，現段階で交通管制との関わりは浅いが，ITSの目的は交通管制と同じく道路利用者の安全・安心の確保，利便性・快適性の向上や道路交通の効率化・渋滞緩和等への寄与であり，今後双方の連携を強化することで様々な効果が期待できる．例えば，プローブ情報（車両の走行履歴等）をETC2.0やテレマティクスから収集できれば，交通管制の機能強化や高度化につながることが想定できる．また，ETCとETC2.0，交通管制システムが連携すれば混雑具合や走行ルートに応じたロードプライシングの実現も可能となる．

8.3 ETC

8.3.1 概要[2]

ETCは，契約情報などを記録したETCカードを挿入した車載器と，有料道路の料金所に設置した路側無線装置との間で無線通信を行い，路側無線装置に接続されたコンピュータシステムが処理することで通行料金の決済を行うシステムである．

（1） ETCの効果
（a） 利用者の利便性向上
　ETCレーンでの無線通信により，一旦停止することなくキャッシュレスで通行料の支払いができるため，料金所通過時間が短縮できる．日本の有料道路は多くの高速道路会社により運営・管理されており，様々な料金体系が存在している．しかし，ETCは全国統一規格のシステムのため多様な料金体系への適用が可能であり，道路利用者の利便性，快適性に貢献している．

（b） 料金所での渋滞緩和と料金所周辺の大気汚染や騒音などの環境改善
　ETCにより料金所の通行料金収受処理能力が大幅に向上し（従来の収受員での業務と比較して2～4倍と言われている），これにより料金所渋滞が大幅に減少している．さらに，料金所通過車両のストップ＆ゴーが減少することで，発進・加速に伴う騒音や公害物質，CO_2排出が軽減され，料金所周辺の環境改善にも役立っている．

（c） 乗り継ぎ料金等，今後の多彩な料金制度の実現を支援
　ETCは，ETCカードを使ってキャッシュレスに課金が行われるので，休日割引や夜間割引等の時間帯割引や，環境対策のためにルートによって料金を変える環境ロードプライシング，均一料金で何度も乗り降りできる各種企画割引等，利用者ニーズや環境対策等に対応したきめ細かな料金制度の導入が可能となる．

（d） 地域を活性化させるスマートIC
　ICが近くにある地域は人口も増え，所得の伸びも高く，企業立地も進む傾向にあることから，地域の活性化や利便性の向上等を目的に，新たなIC設置の要望が強い．従来の料金所では，運用の効率化から各ICで上り線と下り線の料金所を1箇所に集約するために，ICの設置には広大な土地と大規模な構造が必要であった．ETCを活用したスマートICはコンパクトな料金所構造でよく，地域の実情に即して容易に構築できる．
　また，既存の料金所においてもETCの普及により有人ブースが減少し，これが管理コストの低減にも寄与している．

（e） 経済効果
　料金所渋滞の緩和やスマートICの増加等による交通流の効率化といった直接の経済効果とともに，ETCレーン設備やETC車載器の製造・販売，ETCカードの発行等，新たな産業の創生にも役立っている．

（2） 日本のETCの仕組み
　高速道路会社ごとにデータ処理センターが設置され，各データセンターにおいて，料金所でのETC利用データおよび各保守管理データが管理されている．各高速道路会社のETCデータは，総合処理センターに集約され，各クレジット会社に対する決済手続きを行う．なお，ETCにおける情報の安全を確保する識別処理情報は，（一財）ITSサービス高度化機構（ITS-TEA：ITS Technology Enhancement Association）から各高速道路会社に発行されている．
　日本のETCの仕組みを第8.1図に示す．

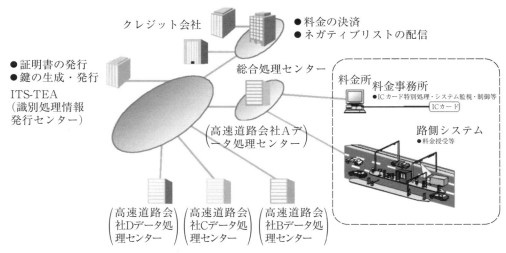

第 8.1 図　日本の ETC の仕組み

8.3.2　システム概要

(1)　ETC を実現する主要技術

(a)　無線技術（DSRC）

料金所の路側無線装置と車載器の間で使用される無線には，（一社）電波産業会が策定している ARIB STD-T75 で標準規格化された DSRC（Dedicated Short Range Communication）を用いており，国際電気通信連合（ITU）により国際標準としても認められている 5.8 GHz アクティブ方式を使用している．アクティブ方式とは双方向通信実現方法のひとつで，車載器にも発信器を内蔵し，路側無線装置との間で自由に電波を発射することのできる方式である．

DSRC の変調方式には ASK（Amplitude Shift Keying）方式と π/4 シフト QPSK（Quadrature Phase Shift Keying）方式の 2 種類があり，ETC では ASK 方式を使用している．DSRC による ETC 無線仕様を第 8.1 表に示す．

第 8.1 表　ETC 無線仕様

項　目		仕　様
無線周波数帯		5.8 GHz 帯の 4 波（Up：2 波，Down：2 波）
変調方式		ASK 変調方式
信号送信速度		1024［kbps］
空中線電力	基地局（路側無線装置）	300［mW］以下
	陸上移動局（車載器）	10［mW］以下
空中線利得	基地局（路側無線装置）	20［dBi］以下
	陸上移動局（車載器）	10［dBi］以下

(b)　セキュリティ技術

ETC は日本全国に展開されるシステムであり，万一外部からの侵入によるデータ漏えい等が発生した場合，その波及被害は甚大なものになる．したがって，厳重なセキュリティを前提にシステムが構築されている．

① ETCカード，路側無線装置と車載器間では相互認証，暗号化処理，データ改ざんチェック等の高度なセキュリティ処理がなされ，なりすましやデータ改ざん，偽造等の不正防止対策が実施されている．

② ETCカードは，CPU内蔵のICチップを使ったICカードを使用し，これは相互認証や暗号化された記録データの処理が可能であり，磁気カードに比べ不正利用やプライバシー保護に対して高いセキュリティを有する．

(c) センシング技術

ETCでは，料金所への車両進入の検出や，路側装置の動作タイミングを図るために複数の車両検知器が設置されている．車両のセンシング方式には光透過方式や光反射方式等が採用されている．なお，この車両検知器には人や飛来物等による誤検知対策がなされている．今後は，レーザ方式の車両検知器等の導入も想定される．

(d) 2ピース方式の車載器

車両情報は車載器，個人情報はETCカードに収めるという2ピース方式の採用により，車両の所有者と料金支払者が分離されているため，ETCカードを所有していれば，レンタカー等本人所有以外の車載器搭載車両でも利用が可能である．また，2ピース方式は今後の多機能化への拡張性の面でも優れており，有料道路の料金システム以外の様々なサービスへの活用にも対応できる．

(2) ETCの構成概要と動作

ETCは，料金所アイランドに設置される路側装置と料金事務所に設置される装置および監視系中央装置から構成される．以下にその事例を示す．

(a) 路側装置

路側無線装置，車線サーバ，車両検知器，表示装置，発進制御機等から構成される．車両の進入を車両検知器で検知し，路側無線装置が車両に搭載されている車載器と無線通信を行い，料金収受に必要な処理を車線サーバが行う．車線サーバは処理結果に基づいて，表示装置や発信制御機の制御を行う．

(b) 料金事務所設置装置

料金所サーバ，車線監視制御盤から構成される．料金所サーバは，複数の路側装置から受信するETCデータを統合処理してデータ処理センターのデータ処理装置（料金系の中央装置）に送信する．また，料金所サーバは，データ処理装置から受信する各種設定データを路側装置に送信する．車線監視制御盤は路側装置の動作監視を行い，異常時は運用監視用サーバへ通知する．

(c) 監視系中央装置

ETCの安定運用を行うために，ETC設備の集中監視を行う．なお，ETC処理データについては，料金事務所の料金収受装置よりデータ処理装置に送信され，処理が行われる．

(3) 路側装置構成例（イメージ）

入口料金所路側装置構成イメージを第8.2図に，出口料金所路側装置構成イメージを第8.3図に示す．

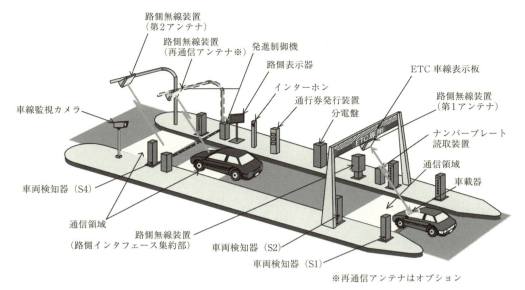

第8.2図　入口料金所路側装置構成イメージ⁽³⁾

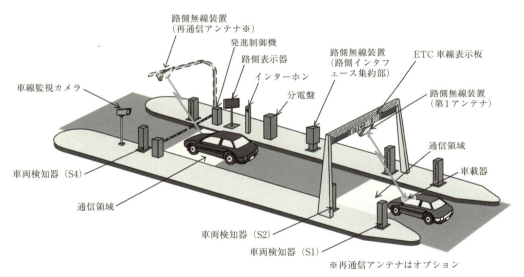

第8.3図　出口料金所路側装置構成イメージ⁽³⁾

(4) 車載器

車載器本体とアンテナにより構成される無線装置である．ETCカードを挿入して路側無線装置との間で料金計算に必要な情報の通信を行う．

8.3.3　ETCの応用[4]

(1) スマートIC

前述のとおり，ETCを活用したスマートICは地域活性化への貢献等を目的に，2006年10月1日から本格導入が開始され，2015年12月末現在で80箇所のスマートICが運用中である．

スマートICは，SA・PAやバスストップ，高速道路の本線から乗り降りができるように設置さ

れるICであり，ETCを搭載した車両を利用対象としている．利用車両が限定されているため，簡易な料金所構成で済むとともに，料金収受員が不要なため，従来のICに比べて低コストで導入できる等のメリットがある．

スマートICはその設置場所により，一般道路から高速道路へのアクセス路をSA・PAにおいて確保するSA・PA接続型と，高速道路本線へ直接アクセス路を接続させる本線直結型がある．

(2) フリーフロー

フリーフローは，広義の意味では料金所を持たない料金支払いの形態であり，ETCの一種である．現在は，均一料金の有料道路や料金所のない出入口等に設置されている．フリーフローの導入は，これまで料金体系の多様化への対応として，利用料金の各種割引や首都高速道路や阪神高速道路の距離別料金への移行を目的に導入されてきた．

将来，センシング技術やセキュリティ技術，通信技術等の進歩，かつ料金所が不要となった場合には，フリーフローが料金支払いの主流となることが想定される．

8.4 ETC2.0 [5][6]

8.4.1 概　要

国土交通省は2014年10月にETC2.0のサービス概要を発表した．ETCはスムーズな料金収受を実現させてきた一方，大都市では環状道路の整備により，経路選択の幅が飛躍的に増加してきた．これらとあいまって，ETCが「ETC2.0」として拡張され，渋滞回避や安全運転支援等のサービスや，ITSスポットを通して集約される経路情報を活用した新たなサービスへと拡充された．これに伴い，これまで「ITSスポットサービス」と呼ばれていたサービスを「ETC2.0サービス」と呼ぶこととなった．

なお，ETCはETC2.0の基本サービスのひとつとなり，内容は8.3節に記述のとおりである．

(1) 情報提供サービス

ETC2.0の情報提供サービスは，ITSスポットサービスの仕組みをそのまま利用して提供される．

道路に設置されたアンテナである「ITSスポット」とクルマ側の「ETC2.0対応車載器（カーナビ）」との間で高速・大容量で双方向通信を行うことにより，世界初の路車協調システムによる運転支援サービスを受けることができる．以下に示すような運転支援情報の提供により，交通が特定の時間や場所に集中するのを減らしたり，事故を未然に防いだりすることが可能となる．その結果，限られた道路ネットワークをより効率的，かつ長期的に「賢い使い方」ができるようになる．ただし，現行の「ETC車載器」ではデジタル信号の変調方式が異なるため，自動料金収受以外のサービスを受けることはできない．

(a) 渋滞回避支援

渋滞回避支援は，ITSスポットから広範囲の渋滞データをETC2.0対応車載器で受信し，その渋滞情報をもとに賢い最適ルート選択が可能となるサービスである．これにより道路ネットワーク全

出典：国土交通省ホームページ

第8.4図　渋滞回避支援イメージ[5]

体の有効活用が可能となり，安全性や快適性が向上する．第8.4図に渋滞回避支援の例を示す．

(b)　安全運転支援

安全運転支援は，ITSスポットを通じて収集したプローブ情報から急ブレーキや急ハンドルなどの走行履歴等のビッグデータを解析し，安全運転のための情報を事前にITSスポットを通して提供するもので，事故の未然防止が期待できる．また，大災害時の通行可能ルート情報を提供し，防災対策の支援も可能となる．第8.5図に事故多発地点での注意喚起例を，第8.6図にトンネル入口等での渋滞画像提供例を示す．

出典：国土交通省ホームページ　　　　　出典：国土交通省ホームページ

第8.5図　事故多発点での注意喚起例[5]　　第8.6図　渋滞画像提供例[5]

(2)　経路情報を活用したサービス（導入予定）

経路情報を収集・蓄積可能なETC2.0車載器とITSスポットにより，渋滞，事故等の状況に応じて，賢く経路選択を行う道路利用者に対する優遇サービスの提供が可能となる．将来，道路ネットワーク全体の有効活用につながることで，大都市部における渋滞緩和等の各種効果が期待できる．第8.7図に「ETC2.0」による賢い経路選択イメージを示す．

8.4　ETC2.0

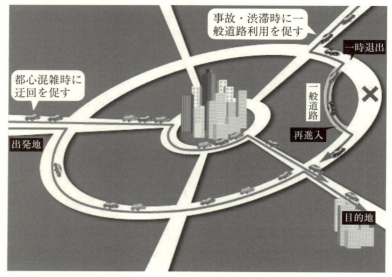

出典：国土交通省ホームページ

第8.7図 「ETC2.0」による賢い経路選択イメージ[5]

(3) 民間サービス

ETC2.0を活用する民間サービスとして，既に導入されている駐車場利用料金決済やフェリー乗船の簡素化に加え，ガソリンスタンドやドライブスルーの利用料金決済などの展開も予想される．

8.4.2 システム概要

(1) ETC2.0とITSスポット

ETC2.0とはサービス体系の総称であり，ETC2.0というシステムは存在しない（2014年12月現在）．現段階でETC2.0は複数システムの協調により実現されるサービスであるため，ここではETC2.0サービスの核となっているITSスポットについて記述する．

(2) ITSスポット導入の経緯

ITSスポットは，路車協調システムの展開として，2007年度の首都高速道路における公道実験から始まり，同年度から2008年度にかけた首都高速道路での試行運用およびITS-Safety2010（ITS推進協議会主導による官民が連携した「インフラ協調による安全運転支援システムの大規模な実証実験」を実施），さらなる実証実験とこれに基づく仕様・規格化を経て，2011年より全国の高速道路上を中心に導入された．

(3) ITSスポットを構成する主要技術

(a) 無線技術（DSRC）

ITSスポットにおいてもETCと同様に，高速道路上の路側無線装置とETC2.0車載器の間で使用される無線にDSRCが用いられている．ITSスポットにおけるDSRCでは，ETCと異なり変調方式として$\pi/4$シフトQPSK方式が採用されており，より高速な通信が可能となっている．DSRC

によるITSスポット無線仕様を第8.2表に示す．

第8.2表 ITSスポット無線仕様

項　目		仕　様
無線周波数帯		5.8 GHz帯の14波（Up：7波，Down：7波）
変調方式		π/4シフトQPSK変調方式
信号送信速度		4096［kbps］
空中線電力	基地局（路側無線装置）	300［mW］以下
	陸上移動局（車載器）	10［mW］以下
空中線利得	基地局（路側無線装置）	20［dBi］以下
	陸上移動局（車載器）	10［dBi］以下

(b) セキュリティ技術

ITSスポットにおいても，路側無線装置とETC2.0車載器間で個人情報につながる情報を扱うため，セキュリティの確保を前提としたシステムが構築されている．ITSスポットで採用しているセキュリティ技術には，ETCとは異なるSPFセキュリティプラットフォーム（以下，DSRC-SPF）と呼ばれる規格が採用されている．

DSRC-SPFは，ITSスポットのDSRC無線通信において，路車間でのセキュリティを確保するための共通基盤であり，多種の認証プロトコルに対応可能で，上位のアプリケーションに対して選択可能なセキュリティ機能（通信相手の認証およびデータの認証，暗号化等）を提供する．

(c) テキスト音声合成技術

ITSスポットでは，ITSスポットとETC2.0車載器間で，任意の音声情報（交通情報等）をテキストデータでETC2.0車載器に提供している．

車載器でテキストを読み上げるテキスト音声合成技術は，テキストを音声に変換し，人工的に人の声を合成する技術であり，テキスト（かな漢字混じり文）を読み上げる機能からTTSとも呼ばれる．テキスト音声合成技術の仕組みは以下のとおりである．

① かな漢字混じり文を解析することで，読み，アクセント，イントネーション等を決定し，TTS中間言語と呼ばれる半角カタカナ文字と制御記号からなるテキストデータを生成する．
② TTS中間言語を解析することで音声を合成し，読み上げる文章を再生する．

なお，ITSスポットで使用しているテキスト音声合成技術は，（一社）電子情報技術産業協会（以下，JEITA）規格のJEITA TT-6004で規定されている．

(4) システム構成例

渋滞回避支援，安全運転支援等の情報提供サービスに関わるシステムは，交通管制センターに設置されるセンター装置群と高速道路上に設置されるITSスポット（路側無線装置）から構成される．

センター装置群は，（一財）道路交通情報通信システムセンター（以下，VICSセンター）や交通管制システムから収集する交通情報と，必要に応じてCCTV映像等を使って提供コンテンツを生成し，ETC2.0車載器への配信を行う．一方でETC2.0車載器からは，路側無線装置を介して車両に関する情報や走行履歴などの収集も行っている．

第8.8図に情報提供サービスに関わるシステム構成イメージを示す．

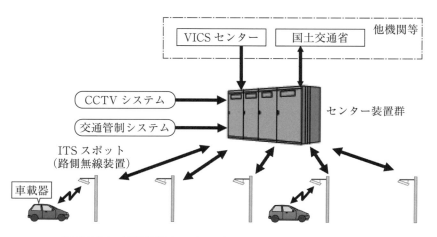

第8.8図　情報提供サービスに関わるシステム構成イメージ

(5) ETC2.0 車載器

　ETC2.0車載器は，DSRC部とカーナビ部から構成される（**第8.9図**）．DSRC部がセンター装置群で生成された情報（交通情報，図形，音声，静止画等）を，ITSスポットを介して車載器で受信し，カーナビ部で道路利用者に提供する．またETC2.0車載器は，一定の条件により計測，蓄積した走行履歴等（緯度，経度，速度等）を，ITSスポットを介してセンター装置群へ送信する機能も有している．ETC2.0車載器には，交通管制センターから配信される音声情報の提供にのみ対応する車載器（発話型車載器）も存在する．発話型車載器は，2014年8月現在で走行履歴等を計測する機能は無いが，今後は同機能の標準化と実装も想定される．

(a) ETC2.0DSRC部　　　　　(b) ETC2.0カーナビ部

第8.9図　ETC2.0車載器[6]

　ETC2.0車載器の仕様は，JEITA規格で標準化されており，以下の4種類により構成される（2014年8月現在）．2014年10月よりITSスポットでITS車載器と呼ばれていた車載器がETC2.0車載器と呼ばれるようになったが，標準規格は旧称のままである．

　　ITS車載器標準仕様　　　　　　　：JEITA-TT6001A
　　ITS車載器DSRC部標準仕様　　　：JEITA-TT6002A
　　ITS車載器カーナビ部標準仕様　　：JEITA-TT6003A
　　ITS車載器用音声合成記号　　　　：JEITA-TT6004

8.5 テレマティクス

8.5.1 テレマティクスの概要

テレマティクスとは，無線通信を用いて自動車などの移動体にリアルタイムに各種情報を提供するサービスで，Telecommunication（通信）と Informatics（情報科学）を組み合わせた造語である．テレマティクスとしては，カーナビやタブレット PC 等の携帯端末を使ったサービスが考えられるが，本章では車との関係が最も深いカーナビを使ったテレマティクスについて述べる．

カーナビを利用したテレマティクスは，1995 年 4 月にサービス開始の「ATIS（Advanced Traffic Information System）」や，1996 年 4 月にサービス開始の「VICS」がその先駆けと考えられる．一方，民間のテレマティクスは 1997 年以降にサービスが開始されたが，開始当初はコンテンツ面や通信料金面での課題があった．その後，通信料金の低価格化，カーナビ機能の充実等が進んだことにより，特に自動車会社によるテレマティクスは，サービスの拡大・向上とともにその利用者数も増大してきている．

8.5.2 自動車会社のテレマティクス概要[7]〜[10]

（1） サービスの仕組み

自動車会社では，ユーザに対して会員制のテレマティクスサービスを提供している．

基本的なサービスは，自動車に搭載したカーナビと情報センターを通信機器により接続し，双方向に情報交換することで実現される．これには，自動車会社ごとのテレマティクスに対応した専用のカーナビが必要となる（第 8.10 図）．

また，サービスについては，有料，無料およびオプションサービス等自動車会社により違いがある．

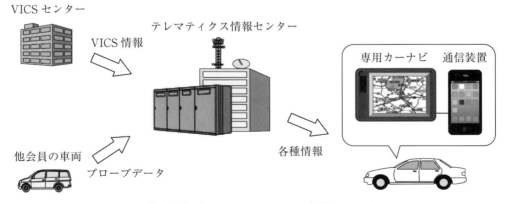

第 8.10 図　テレマティクスの実現イメージ

（2） サービス内容

自動車会社が提供するテレマティクスサービスの内容は，大きく「安全，安心に関わるサービス」，「快適な移動に関わるサービス」，「車での移動や趣味，嗜好において便利で役立つサービス」に分

類できる．

　自動車会社が提供しているテレマティクスサービスは，それぞれのコンセプトに基づき細かな差異はあるものの，おおよそ以下のとおりである（第8.3表）．

第8.3表　サービス内容の例

サービスカテゴリ	主なサービス内容
安全・安心	緊急通報 防災情報提供（気象，地震，通行実績等） セキュリティ（各種アラーム通知，車両の現在位置通知等） オペレータサービス（救援車両手配等）
快適な移動	交通情報提供（VICS情報，プローブデータ解析情報） ルート探索（情報センターでの最適ルート，観光ルート検索・案内等） 駐車場情報（車両サイズ，料金等による絞り込みも実施） オペレータサービス（ナビ操作支援，ルート案内等）
便利・お役立ち	地図更新サービス 周辺レジャー施設案内，おすすめスポット案内，おすすめ情報等の提供 エコドライブサポート インターネットアクセス オペレータサービス（電話番号案内等）

8.5.3　テレマティクスの動向

（1）　プローブデータの活用

　各自動車会社のテレマティクスでは，会員数の増大に伴い会員車両のプローブデータから交通状況を解析し，これを加味した交通情報の提供が行われるようになった．プローブデータの活用により，VICSでは情報提供されていなかった道路の交通状況を提供したり，右左折別の交通情報を提供したりすることが可能となる．また，プローブデータの解析により生成した交通情報の活用は，ルート探索の精度向上にもつながっている．

　プローブデータの活用として，通行実績情報の提供で役立った事例を紹介する．2011年3月の東日本大震災時には，（特非）ITS Japanが中心となり，官民の連携による通行実績・通行止め情報の提供が行われた．これは高速道路会社が保有する情報をもとにした「東北地方道路規制情報　災害集約マップ」（国土地理院）と自動車会社が匿名かつ統計的に収集した通行実績を組み合わせた情報をインターネット経由で提供したもので，震災発生8日後から震災発生6週間後まで毎日更新されながら提供された．通行実績はテレマティクスで収集されているプローブデータの有効性を示す事例であり，高く評価された[11][12]．

（2）　自動車会社の動向

　テレマティクスサービスにおいて，提供されるサービスは自動車会社ごとに異なるものの，サービスのオンデマンド化，インターネットを利用した情報提供（エコドライブサポート等）やスマートフォンとの連携等のように，サービスを利用するシーンや利便性面での拡充が図られている．

　さらに今後は，専用のカーナビだけでなく，普及著しいスマートフォンへのサービスの提供等，提供メディアの拡大に伴うテレマティクスサービスの多様化が進むのではないかと予想される．

8.6 まとめ

　日本のITSの研究開発では九つの開発分野[13]が示され，これに基づきそれぞれの分野において個別の技術開発と展開が続けられている．その中にあって近年，自動運転に関わる動きが活発になっている．昨今の自動車会社による積極的な技術開発の推進に加え，平成25年6月閣議決定された「科学イノベーション総合戦略」，「日本再興戦略」，「世界先端IT国家創造宣言」に自動運転システムの開発・実用化が盛り込まれたように，政府主導による取り組みも大きく動き始めた．さらに自動車会社の発表によると，2020年までには自動運転技術（次世代高度運転支援システム）を搭載した車両が販売される見込みで，交通管制が関わる路車協調型自動運転についても，必要な技術の開発，法制面の整備や海外も含めた国際基準づくりも加速していくものと考えられる．

　また，ITSスポットやテレマティクスで収集されるプローブ情報は，今後交通管制において様々な利活用が期待できる．ETC2.0で導入予定の「経路情報を活用したサービス」もそのひとつであり，さらには以下のような利活用も想定される．

- 交通量計測データの補完による情報精度の向上
- ODおよび経路の把握による各種検証
- 交通状況や交通異常発生の推定
- 災害発生時等の通行可能，通行不可能ルートの把握
- ODおよび経路把握によるロードプライシング

　本章の最後となるが，今後多くのITS関連システムが開発され，交通管制との連携が図られることでより一層，安全・安心，利便性，快適性が向上し，さらには道路交通の効率化，渋滞緩和に繋がることに期待したい．

参考文献

(1) 国土交通省ITSホームページ：用語集，http://www.mlit.go.jp/road/ITS/j-html/past/yougo/yougo.html （2015-04）
(2) ITSサービス高度化機構：「日本のETCの特徴」，https://www.its-tea.or.jp/its_etc/service_feature.php （2014-09）
(3) 「路側無線装置（料金所用2G）仕様書　施仕第15221-1号」，高速道路総合技術研究所，施設機材仕様書集（通信）路側無線装置（料金所用2G）仕様書他（2016-08）
(4) 国土交通省：「スマートICの整備」，http://www.mlit.go.jp/road/sisaku/smart_ic/ （2016-01）
(5) 国土交通省：「ETC2.0」，http://www.mlit.go.jp/road/ITS/j-html/etc2/index.html （2014-12）
(6) 国土交通省：「ETC2.0サービス概要（リーフレット）」（2014-12）
(7) トヨタ自動車：G-BOOKmX，http://g-book.com/pc/default.asp （2014-08）
(8) トヨタ自動車：T-Connect，http://tconnect.jp/ （2014-08）
(9) 日産自動車：カーウィングス，http://drive.nissan-carwings.com/WEB/ （2014-08）
(10) 本田技研工業：インターナビ，http://www.honda.co.jp/internavi/ （2014-08）
(11) 「高速道路における新交通管制システムのあり方」，電気学会技術報告，第1297号（2013-11）
(12) ITS-Japan：通行実績・通行止情報，http://www.its-jp.org/saigai/ （2014-08）
(13) 国土交通省：「ITS全体構想」，http://www.mlit.go.jp/road/ITS/j-html/5Ministries/ （2015-05）

第9章 交通管制の運用・管理

9.1 概　要

　交通管制の運用・管理は，道路の機能を最大限活かしながら，道路利用者に安全，円滑，快適な道路環境を提供することにある．しかし，交通集中による渋滞等を完全に解消することは困難であり，そのために交通管制や道路のパトロールによる巡回点検等を実施することで，渋滞や事故地点，工事区間等の現況情報を把握し，交通情報の提供を行っている．

　運用業務は，高速道路上に設置した収集系設備，交通管制センターに設置した処理系設備，提供系設備等を効率的に運用して，道路利用者に道路交通情報を適切に提供することである．そのため，交通管制室に管制員を配置して，高速道路の交通状況の監視，指令，制御を24時間365日連続で実施している．

　また，管理業務は，高速道路沿線の管理事務所に管理要員を配置して，道路の巡回や事故・故障車・落下物の処理，交通管制システムを中心とした各種装置を適正に運用するための保守，点検，補修などの維持保全業務を実施している．

　運用・管理業務の概念図を**第9.1図**に示す．

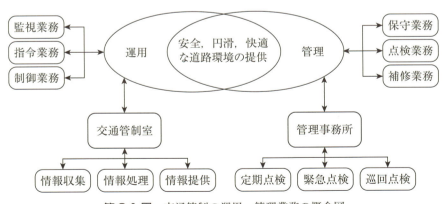

第9.1図　交通管制の運用・管理業務の概念図

9.2　運用・管理の目的

　交通管制システムの運用・管理業務は，安全，円滑，快適に走行するための道路環境を維持し，道路利用者の出発地から目的地へ正確かつ，迅速な到達を支援することにある．そのために高速道路会社は，道路利用者に対して道路交通に関わる道路交通情報を的確かつ，間断なく提供している．

　しかし，円滑な自動車交通の阻害要因には，突発的に発生する交通事故や車両故障等，霧や降雪など気象条件の急変による交通渋滞や通行止めなどがあり，これらによって本来目的とする道路機能が失われることがある．このような交通阻害要因を的確，迅速に処理をして道路機能の回復を図り，道路利用者の利便性向上を図ることが主たる目的である．

　これを要約すると「運用・管理業務は一体不可分の関係にあり，相互に関連をもち高度な交通管制システムと管制員の経験，判断機能を前提とした一連の業務の集合体」といえ，高速道路会社（NEXCO，首都高速道路，阪神高速道路，本州四国連絡高速道路，名古屋高速道路公社など政令指定都市の高速道路公社）は，システム規模に差異はあるものの，それぞれに交通管制システムを構築して運用・管理業務を実施している．

9.3　交通管制システムの運用

　運用業務は，都市間高速道路，都市内高速道路による差異，さらに正常時と交通事故や気象災害などの異常時とでは運用方法が異なる．

　平常時は第9.2図に示すように交通情報の収集・処理・提供が一定周期で実行される．高速道路上に設置した車両感知器やCCTVからのデータを，交通管制センターのコンピュータで交通量，速度，オキュパンシを計測して渋滞度や渋滞長，渋滞箇所の通過時間を計算処理し，これらを交通情報として道路情報板，情報ターミナルなどを通して道路利用者に提供する．

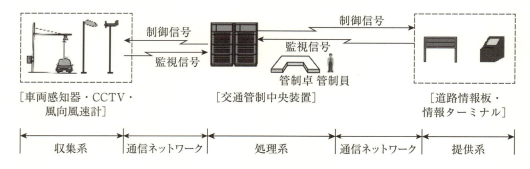

第9.2図　交通管制業務の流れ

　一方，交通事故や気象災害など異常発生時には，CCTVの監視，非常電話の対応，関係機関に対する通報や連絡，交通事故地点等の正確な確認，事故の形態（例えば車両の横転や追突事故），発生時刻，閉鎖した車線の程度等の情報から判断して，2車線道路で2車線とも通行できないときは通行止めを実施する．1車線でも通行可能なときは交通事故処理のための指令，制御の業務内容が異なるため，短時間に複数の事象が発生すると，運用が複雑になる．

管制員は，CCTV，非常電話，管理用無線などの情報から交通事故や気象災害等の詳細情報が確定した時点で，事象として管制卓から事象登録をする．イベント処理に関するプログラムで交通事故等の内容を識別し，道路情報板やハイウェイラジオ，ハイウェイテレフォン，インターネット，情報ターミナル，VICS等で情報提供している（第9.3図）．

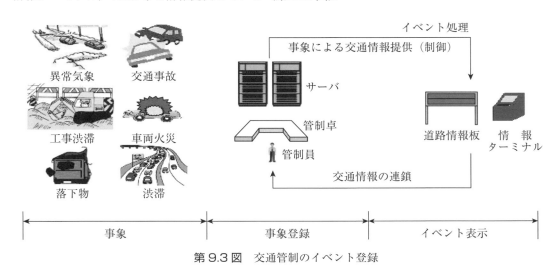

第9.3図　交通管制のイベント登録

　この一連の業務の中で管制員は関係する警察や消防機関，さらに他の高速道路会社への連絡や通報を行うとともに，表示した交通情報内容の整合性確認や交通事故などの記録作成を行う．通行止めが必要な交通事故や気象災害に対しては，入路閉鎖の伴う交通調整を実施して高速道路への乗り入れを規制する表示や，高速道路上の道路利用者に道路情報板等を通して流出を促す表示が行われる．

　運用に関わる業務形態としては，各高速道路会社で異なるが，24時間勤務を前提に作業班を編成して監視，指令，制御の業務が行われる．

　交通管制システムの運用は，都市間高速道路，都市内高速道路では個々の機能に多少の差異はあるものの，交通情報の収集・処理・提供の機能は同じである．しかし，装置等の構成はシステム構築時の考え方や運用・管理の手法，道路規格，路線形状，出入路間の距離，1日の断面交通量，渋滞の度合，気象条件などで異なっている．ここでは，管制室の運用に必要な装置について記述する．

(1)　交通管制室内表示装置

　都市間高速道路，都市内高速道路，それぞれ交通管制センターに第9.4図のような交通管制室を設置している．交通管制室には高速道路を模式化した地図を大型表示装置に表示して，自らの管理範囲に加え，関連する他の高速道路の交通状況を表示する交通状況表示部，高速道路上に設置したCCTV映像を表示して監視するためのCCTVモニタ表示部や，交通事故，気象災害などの表示をする非常・異常事態イベント表示部等で構成されている．

　管制卓等は，管制員とコンピュータ間でデータ授受を行うためのヒューマンマシンシステムで，交通管制システムの運用・管理上重要な役割を持っている．また，各装置の設計は人間工学に基づいて検討し，管制員の運用性や操作性，視認性，作業動線，疲労度などを考慮した設計がなされて

第9.4図　交通管制室（首都高速道路）

いる．設計時には，交通管制室の面積や形状，奥行き，天井高，照明方式，空間色彩等を検討して，表示部の形状，配色，レイアウトを決定し，さらに操作性や保守性を考慮した設計をしている．

(a) 交通状況表示部

管制員の負担軽減が業務の迅速化，ヒューマンエラーの防止に結びつくため，様々な表現上の工夫がなされている．通行止めや車両故障などの異常事象が発生した場合，その状態ごとにデザインされたシンボルを使って分かりやすく表示したり，CCTV映像を路線図上に重ねて表示したりすることで，実際の現場状況を確認しつつ管制業務を行うことができる．さらに，疲労軽減のための配色やレイアウト設計を行っている．表示内容は，高速道路の形状や線形を模式化して表示し，関連

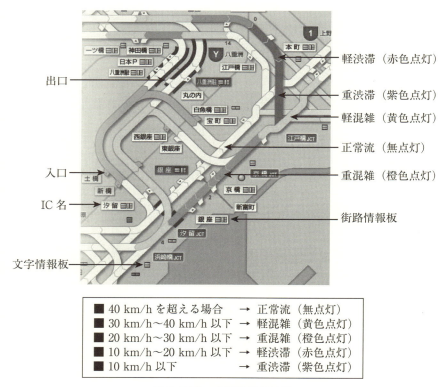

第9.5図　交通状況表示部

する街路や河川，海のほかにランドマークや方角を表示して交通渋滞などの位置関係が即時に視認できる工夫をしている．利便性や即時性を図るために，路線ごとの渋滞度，交通事故や故障車の位置，工事区間，通行止め区間などを表示している（第9.5図）．

また，複数の管制員が交通事故や異常気象状況などの情報を共有化して，運用業務の効率化を図っている．さらに，運用上必要な管理範囲と同時に，関連する他機関の交通状況を即時に判別可能とし，外部からの問い合わせ等に迅速に対応できるようにしている．

表示されている交通状況等はコンピュータ処理による自動表示で運用され，交通事故や気象災害等は，事象登録で管制卓から運用マニュアルや管制員の判断で入力し表示している．

(b) CCTVモニタ表示部

高速道路上に設置したCCTV映像を表示する目的で設置している．CCTVの設置台数が多いことから液晶ディスプレイも複数設置し，映像を任意分割表示（1面当たり1，4，9分割）可能としている（第9.6図）．

設置の方式も，表示部を管制室の左右いずれかに集約した方式から，大型表示装置の上か下に一列に並べる方式など交通管制室の形状や高速道路会社の運用方針により様々である．

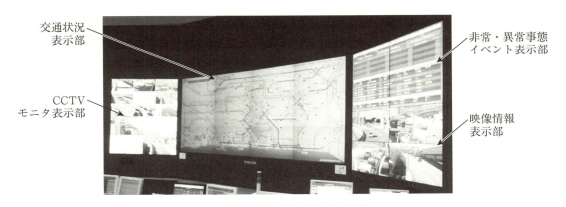

第9.6図　交通管制室内表示装置

(c) 非常・異常事態イベント表示部

交通渋滞や交通事故など交通阻害要因の内容，地点のキロポスト，照明柱や非常電話番号等を漢字や数字で詳細に表示する目的で設置している．特に通行止めなどの重要情報がある場合に，交通事故であれば事故地点，事故の内容，事故の形態等を表示して管制員が指令，制御のための共通情報源として活用している．

また，都市内高速道路では混雑緩和を目的とした入路閉鎖時の入路名，閉鎖継続時間を表示するための「交通状況調整盤」として使用している．この運用は，管制卓から管制員が事象を入力することで盤に表示される（第9.6図）．

(d) 映像情報表示部

大型表示装置の情報と異なり，刻々変化する映像を中心とした交通障害等の状況を表示するもので，複数の管制員が共有することで監視，連絡，報告，指令，制御など一連の操作を迅速，正確に運用することができる．

選択表示機能は，交通管制処理装置が処理した地点や区間の交通量や速度，また提供情報内容や

交通事故，気象災害などの事象内容，高速道路上のCCTV映像を拡大表示するために設けている（第9.6図）．

(2) 交通管制関係操作卓

事象を交通管制処理装置に登録するための管制卓，無線でパトロールカーと交信するための管理用無線操作卓，非常電話で道路利用者等と通話するための非常電話操作卓（非常電話受付卓とも言う），CCTV映像を選択するためのCCTV操作卓，トンネル内の火災を認知し放水などの制御を行うためのトンネル防災卓から構成される（第9.7図）．

これらは，交通管制業務を円滑に運用可能とするようにそれぞれの高速道路会社が設計および開発を行い，作業動線を考慮した配置や操作卓の表示装置，スイッチ類の配列などを検討して，正確で迅速に運用できるよう工夫をしている．

第9.7図　交通管制関係操作卓

(a) 管制卓

運用上の基幹機能である，監視，指令，制御の機能がある．監視業務は，各種センサからの交通情報や交通量，速度，渋滞地点や渋滞の程度，気象情報の霧や降雨，凍結や降雪状況など，交通情報処理装置を操作し必要情報を得て行っている．また，提供中の道路情報板表示内容も管制卓で確認できる．

同一機能の卓を複数台設置することによって，同時多発した交通事故の事象登録では複数の管制員の並行操作による効率的な運用を可能にし，また故障時や保守時のバックアップ用にも備えている．このほかに保守，点検時やソフトウェアデバッグ，二重系システムの切替え時用に専用卓を設置している．

(b) 管理用無線操作卓

高速道路上を巡回パトロールしている車両に搭載した無線機や携帯式無線機との交信時に使用する（第9.8図）．管理要員はパトロール中の車両と交信し，交通情報の収集，車両への巡回の指示により安全，円滑，快適な道路機能の維持を図っている．

すなわち，車両感知器やCCTVでは得られない交通情報を無線交信で把握することが可能で，より詳細な現場の交通情報を得ることができる．

第9.8図　管理用無線操作卓

(c) 非常電話受付操作卓

高速道路上に設置した非常電話から道路利用者が緊急通報した際に使用する操作卓である．非常電話の着信で受話器を取ることにより道路利用者と直接通話が可能で，交通事故の内容や場所などの詳細情報を把握できる．その際，非常電話の位置情報からCCTV画面が当該地点に自動的に切り替えられる．また，耳の不自由な方への対応として事故・火災・故障・救急の各ボタンを，非常電話に取り付けている．

専用の交換機を設置し，かつ複数台の操作卓により複数の道路利用者と同時に交信が可能で，交信の内容は必要に応じて録音できる．着信時刻や非常電話機の位置コードなどはコンピュータに取り込んで着信内容別に記録，集計され，統計解析が可能である．

(d) CCTV操作卓

CCTVは，設置台数が多いことから通常表示はサイクリック切替で運用する．交通事故発生時等には位置を確認して，事故地点のCCTVに切り替えて運用する．また，画像処理で自動選択機能を採用し，アラームを鳴動して管制員に注意喚起をしている例もある．設置するCCTVは固定式のほか，ズーム・パン・チルト機能を有した可動式を採用しているものもある．

ズーム・パン・チルト機能は高速道路の視野角をより広く，遠方まで監視可能である反面，管理要員が繁忙なときは操作に時間を要するなど運用上の有利，不利がある．さらに，画角は常に一定でないので，同一画像を用いて画像処理をする場合に画角や焦点距離が変化するため解析ソフトウェアが複雑になる．この問題はカメラにホームポジション機能を採用することで解決している．

固定式は画角が一定で視認の範囲が限られるという欠点はあるが，画角や焦点距離が一定であるため画像解析には有利である．

(e) 一斉指令操作卓

料金所において道路利用者から交通状況等について質問されたときに，的確で迅速に答えるために，交通管理上必要な交通障害等の情報を料金所の収受員に伝達するシステムである．高速道路会社が音声または映像で伝達する．

音声での伝達は，管制員が操作卓上の料金所選択ボタンにより料金所を選択して肉声で行っている．映像での伝達は，路線別の交通状況が確認できる選択式の表示装置で，収受員が自身で選択することで交通情報の収集および応対を行っている．

9.3　交通管制システムの運用

(f) 音声入力卓

音声系の交通情報提供装置であるハイウェイラジオ，ハイウェイテレフォンの動作状況の監視，放送波の送信オン・オフ制御や，自動音声合成以外に提供したい情報がある場合に付加文の編集と提供情報への挿入等を行うための装置である．またこの装置は，高速道路上で道路利用者に提供している情報をモニタする機能も有している．付加文の編集については，管制員が必要な文章を音声で録音する場合や，テキスト音声合成技術を使って生成する場合がある．

音声入力卓には，監視や制御を行う卓と付加文の編集や提供情報の介入操作を行う卓が分離されている場合もある．

(g) 可変式速度規制標識操作卓

高速道路上に設置した可変式速度規制標識の規制速度数字を可変にして表示するための操作卓である．交通状況や気象の状況等によって，高速道路上の最高速度を切り替えることで走行の安全を確保する目的を持って設置している．

公安委員会と高速道路会社が運用協定を締結して，交通状況に応じた規制速度と表示位置を判断している．

(h) ホットライン卓

交通管制の運用・管理上，関係する高速道路会社や警察，消防との間で緊急性を要する交通阻害要因の内容や通行止め等の指示，さらに連絡を専用の回線と電話機で即時に通話可能とする目的で設置している（第9.9図）．

緊急時の対応が前提であり，どのような状態でも通話が可能となるよう構築され，電源も無停電電源装置を接続し，商用電源が停電しても通話の相手先と交信が可能である．通話の相手先ごとにボタンがあり，管制員が選択することで直接交信が可能となっている．

第9.9図　ホットライン卓

(i) トンネル防災卓

トンネル火災時にはトンネル防災システムと交通管制システムとが同時並行に，火災情報と交通情報をCCTVや管理用無線との交信を交えながら適切に運用する．

各トンネル防災システムの運用・管理は，道路形態等で多少の差異はあるものの，車両火災時の延焼防止の考えは同じである．本操作卓では，火災検知器やCCTV映像，道路利用者の電話通報等からの連絡で，高速道路会社の指示，トンネル防災運用マニュアルに基づき火災の内容を確認して火災区画地点に正確に放水する．

車両火災時にはあらかじめ作成したガイダンスによる制御支援を得ながら，消火と延焼防止を行

第9.10図　都市内トンネルの防災卓

い，鎮火までの制御の実行を可能にしている（第9.10図）．

9.4　交通管制システムの管理

　管理業務は，交通管制システムを最良の状態で運用するための維持，保全業務であり保守，点検，補修が主なものである．

　交通管制システムは，ハードウェアおよびソフトウェアで構成されており，故障によるシステム停止がまれに発生する．これらに対しては障害防止と同時に，常に安定的な運用を確保し，機能の維持，向上を図ることが必要となる．管理業務を的確に実施することにより，道路利用者に質の高いサービスを提供すると同時に，高速道路会社は道路資産の有効利用を図っている（第9.11図）．

第9.11図　管理要員による点検業務

（1）保守点検業務

　保守点検業務には，予防保守，事後保守，維持保守，定期保守，日常点検，週間点検，月間点検，年間点検，システムの障害時に行う緊急点検，さらに目視点検や分解点検がある．これらの保守業務や点検業務で得た各種データは，目的別にデータベース化して必要に応じて解析を行い，ハードウェアおよびソフトウェアの運用および管理技術など，関連する業務や装置の改良に利用される．

　また，オンラインリアルタイムに収集した交通データである交通量，速度，オキュパンシ等も目

的別,時間別,周期別,内容別に記録して必要に応じて解析を行い,システムの改良や機能の向上に利用される.システム更新についての基本計画立案と同時に,コンピュータや通信システムの技術動向調査や研究,さらに運用・管理の形態や社会情勢,自動車の動向,将来の路線延長計画等を検討して投資効率の高いシステムの検討を行い,構築している.

保守点検体制は,交通管制センターあるいは高速道路の近傍に管理事務所を設置して,専門の技術者を置き,24時間勤務を前提に作業班を編成して,常駐業務と出動業務に分け対応している.

(2) 管理形態と必要な装置

保守点検関係マニュアルを作成して週間,月間,年間計画を策定し,業務執行の企画立案等を行うが,巡回点検,保守点検,システムの保守等は業務執行能力のある専門の会社に業務委託している.交通情報処理装置などのコンピュータ類の保守点検,補修は専門的な技術を必要とすることから,システムを構築した会社が実施するのが一般的である.

交通情報処理用のコンピュータ,各種端末機器をはじめとする各システムを円滑に運用することを目的とした保守に必要な装置には,機器の診断に使用する計測機器,診断のためのソフトウェア,さらに緊急時のための予備品等がある.

(3) システム異常時の運用・管理

運用に支障となる障害が例外的に発生し円滑な運用が不可能な場合がある.

これに対して,各高速道路会社ともシステム構築時の企画,設計段階から信頼性や安定性を重視し,システム障害の影響を最小限にする努力が払われている.例えば,システムは複数の機器や機能で構成しているためにある程度の障害は避けられないので,主要な機能部分は二重化構成とするなどの対策を採っている.また,運用上の手法による縮退機能,さらに管制員による手動介入機能を導入し,道路利用者への影響を最小限にする工夫も行っている.

設備面から,高速道路上に設置した収集系設備や提供系設備はその数が多いことから,機器に故障が発生した場合でも,故障した機器の上流側と下流側に設置した機器で相互に補完し,その影響を最小限にする運用を行っている.

管理面では,コンピュータを専門に操作するオペレータ要員を配置し,さらにシステムの停止に対しては,システムを構築した会社との間にオンコールの体制を敷いて緊急時の障害対策を講じ万全を期している.

(4) ドキュメントの管理

システムの構築後,運用・管理上,多くのドキュメントが作成される.システムの設計方針,さらに運用・管理に関係するマニュアル等がある.

運用後年数が経過するに従い,保守や改良でその都度ドキュメントやマニュアル類を更新して,常に交通管制機器とドキュメントは整合の取れた管理がなされている必要がある.

また,コンピュータを中心とした交通管制システムは,規模が大きいので機能ごとにシステムを構築した会社が異なることが多く,その分界点におけるインタフェース条件などについてドキュメントに明文化して運用・管理に万全を期している.これら業務は,それぞれの高速道路会社が専門

の部署を設置して運営されている.

9.5 まとめ

　現在，各高速道路会社が交通管制センターを設置してそれぞれに運用している．高速道路がネットワークを構成しているように，交通管制システムにおいてもお互いにデータの授受を行い，広域交通管制を実現している．これを道路利用者の視点で見ると，道路は一体のもので，管理者の違いを意識して利用している道路利用者は少ないと思われる．このことから交通管制システムは，高精度な情報の収集とより緊密な情報の交換と連携による適切な情報提供が必要である．

　また，都市間高速道路，都市内高速道路とも長大トンネルの建設により今までとは異なるトンネル内交通管制の運用が必要となる．過去の例からもトンネル内での交通事故は甚大な被害をもたらすことが多く，より高度な運用手法を整備する必要がある．

　例えば，火災の早期検知のため，CCTV映像を画像処理し，トンネル内全体の交通状況の異常状態を判定し，運用上の監視機能を向上させている．さらに，その情報をもとに自動的に情報提供を行っている．

　他方，交通管制システムはITSと協調して道路利用者へのサービスを高度化し，その役割がより重要となっている．よって，道路利用者が携帯するカーナビやスマートフォンの普及から高速道路会社が設置する多種の交通情報提供装置のすみ分けを検討し，設置基準や管理基準などを見直すことでスリム化と管理の簡便化が図られなければならない．

　各種のシステムおよび機器の管理は，自己診断機能や自律的な管理機能，さらに通信回線を利用した遠隔管理などが進み効率化が図られている．しかし，未だ多くは管理要員に頼る部分が多く，管理の高度化には管理要員と交通管制システムの協調が非常に重要であり，「人と機械の協調」を重視した管理体制の構築も検討する必要がある．

第10章 トンネル防災システム

10.1 概要

トンネル防災システムは，トンネル内の車両火災の早期検知と通報を行うとともに，後続車両の進入を抑止または阻止して二次災害の防止を図るほか，避難環境確保，被害の拡大防止，警察や消防への通報および消防隊による本格消火作業の支援を行うシステムである．

10.2 システム構成

トンネル火災の消火・救急活動は，基本的には消防当局の任務である．これを支援する高速道路会社の役割は，以下のとおりである．

・車両の火災を早期に検知
・火災発生地点の明確化
・消防当局への正確な通報
・消防車両の迅速な現場到着の支援
・トンネル内道路利用者の自主消火作業を支援
・トンネル内道路利用者の避難行動を支援
・消防当局の消火活動を支援

上記高速道路会社としての役割を果たすために，トンネル防災システムを構築している．

トンネル防災システムでは，トンネル火災時のトンネル防災関連の運用機能だけでなく，交通管制システムの各種情報提供機能や交通管理機能の一端を担っている．また，近年では渋滞・事故などの二次災害防止のため交通流の異常監視を行っている．

首都高速道路のトンネル防災システムのシステム構成を第10.1図に，現場設備の一例として首都高速道路のトンネル内機器配置を第10.2図に示す．首都高速道路では，各非常用設備端末の監視制御機能を，トンネル電気室に設けられた現場制御盤（防災制御盤・ポンプ制御盤・換気制御盤・CCTV中継装置など）に集約している．

これら現場制御盤と施設管制システム（設備監視機能とトンネル防災機能を統合化したシステム）との間で通信を行うことで，管制室での遠方監視およびヒューマンマシン卓からの遠方制御が可能となっている．また，施設管制システムは，火災検知時に交通管制システムへ火災情報（火災地点，

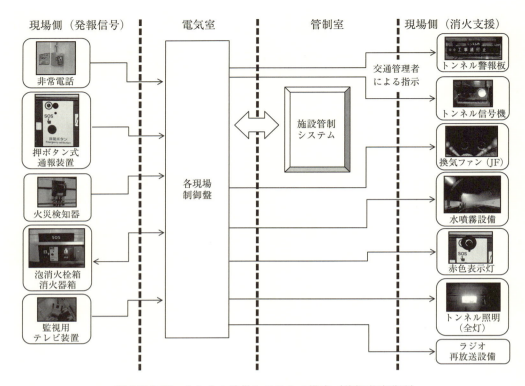

第10.1図　トンネル防災システムの構成（首都高速道路）

第10.2図　トンネル内機器配置例（都市内長大トンネル）

火災地点映像）を通知するほか，管制員の制御操作に応じて，水噴霧放水，ラジオ再放送，CCTV映像切替，排煙設備等の制御などの制御信号を関連設備へ出力する．以下，本章では首都高速道路のトンネル防災システムについて詳述する．

10.3 トンネル非常用施設の設置基準

高速道路会社は，「道路トンネル非常用施設設置基準」（1981年（昭和56年）建設省通達）をもとに管轄の道路事情に応じた独自の設置基準を設け，その基準をもとにトンネル非常用設備を設置している．このトンネル非常用施設設置基準[1]は，建設省（現国土交通省）が定めたトンネル等級区分ごとに決められている．

第10.3図にトンネル等級区分を示す．トンネル等級区分とは，トンネルの延長と交通量から分類したトンネル規模の程度を示すもので，AA等級からD等級までの5段階に分けられている．次に第10.1表に首都高速道路のトンネル非常用施設の設置基準[2]を例として示す．

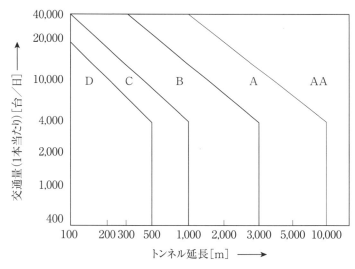

第10.3図　トンネル等級区分

また，首都高速道路の都市内長大トンネルでは，上記のAA等級の設備に加え，安全強化策として独自に追加設置したものに，避難誘導設備として避難通路入口に非常口強調灯，避難通路内に避難通路内カメラ，連絡用電話，加圧送風機，案内板，その他設備としてトンネル異常事象検出装置，遮断機がある．

なお，都市内長大トンネルの定義は以下のとおりである．
・トンネル延長が5［km］以上
・断面交通量が6万台／日以上
・トンネル内に分岐・合流を有すること

10.3.1　非常用施設の機器設置間隔

非常用施設の機器設置間隔は，設備ごとに標準設置間隔が定められている．通報設備，消火設備，

水噴霧設備の設置間隔例を第10.4図に示す．

第10.1表　トンネル非常用施設設置基準

非常用施設		トンネル等級 AA	A	B	C	D
通報・警報設備	非常電話	◎	◎	◎	◎	
	押しボタン式通報装置	◎	◎	◎	◎	
	火災検知器	◎	○	△		
	非常警報装置	◎	◎	◎	◎	
	信号機	○	○	○		
消火設備	消火器	◎	◎	◎	○	
	泡消火栓	◎	◎	◎		
避難誘導設備	避難通路等	◎	◎			
	誘導表示板	◎	◎	◎		
	排煙設備	○	○			
その他設備	給水栓	◎	◎	○		
	水噴霧設備	◎	△			
	無線通信補助設備	◎	◎	○		
	ラジオ再放送設備	◎	○	△		
	拡声放送設備	○				
	監視用テレビ装置	◎	◎			
	無停電電源装置	◎	◎	◎		
	非常用予備発電設備	◎	◎			
	緊急車出入口	○	○			
	Uターン路	○	○			

凡例　◎：設置しなければならないもの
　　　○：必要に応じて設置するもの
　　　△：特別な場合にのみ設置するもの

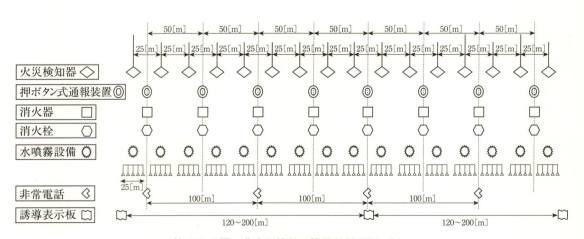

第10.4図　非常用施設の機器設置間隔の例

10.3.2 非常用施設の種類

非常用施設の種類と概要について，第10.2表に通報・警報設備一覧，第10.3表に消火設備一覧，第10.4表に避難誘導設備一覧，第10.5表にその他の設備一覧を示す．

第10.2表 通報・警報設備一覧

設備名称	設備概要
非常電話	火災，事故等を発見したトンネル内の道路利用者が，管制室へ連絡するためのもの．
押ボタン式通報装置	火災等を発見したトンネル内の道路利用者が，押ボタンを手動で操作し，管制室へ通報するためのもの．押ボタン押し下げ時にトンネルベルが鳴動する．
火災検知器	火災を自動的に検知し，火災発生の位置を管制室に知らせるためのもの．
非常警報装置	トンネル近傍ならびにトンネル内の道路利用者に対して，トンネル内の火災発生を速やかに知らせ，トンネル内への進入を抑止および阻止し二次的災害を軽減するために警報表示板・点滅灯・警報音発生装置・制御装置で構成されたもの．
信号機	トンネル坑口およびトンネル内分岐点の本線側に非常警報装置などと併設されているもの．なお，信号機の設置・運用は，公安委員会の担当となっている．

第10.3表 消火設備一覧

設備名称	設備概要
消火器	小規模火災の初期消火を目的に設置されるもの．
消火栓	道路利用者が使用（操作）できる火災に対する放水設備で，初期消火を目的に設置されるもの．なお，消火栓には水消火栓と油火災に有効な泡消火栓がある．

第10.4表 避難誘導設備一覧

設備名称	設備概要
避難通路	トンネル内の道路利用者を火災発生時にトンネル外の安全空間へ避難させるためのもの．トンネル本線とは異なる独立した空間で避難通路および避難階段，公共空間へ出るための地上出口等で構成される．地上出口までの避難距離が長い場合はお年寄りや子供，身体障害者等の避難弱者に配慮し，避難者が一時的に留まることができる一時滞留所を設けている．
誘導表示板	緊急時に，トンネル内の道路利用者に対して非常口の位置を示すためのもの．非常口表示灯および非常口またはトンネル坑口への方向・距離を示す非常口誘導灯がある．
排煙設備	トンネル内での火災発生時にトンネル内環境維持を行うため，火煙や有毒ガスの拡散を極力防止して避難環境の確保および消火活動の支援等を行うもの．

第 10.5 表　その他設備一覧表

設備名称	設備概要
給水栓	消防隊による本格消火作業時の給水を行うため，消防ポンプ車等から両坑口の送水口に接続し，トンネル内に設置された消火栓箱内の放水口へ送水するもの．送水口・連絡配管・放水口で構成されている．
水噴霧設備	火災の延焼，拡大を抑制し，消火活動を支援するもの（単位放水量 6 [L/分/m^2]）．水噴霧ヘッドから微細な粒子状の水を放出する．
無線通信補助設備	漏洩同軸ケーブルとこれの付帯装置で構成する設備で，消防がトンネル内での救助活動，消火活動等に際して，トンネル外部と連絡をするためのもの．その他にトンネル内外と連絡するための坑口電話機がある．
ラジオ再放送設備	トンネル内に誘導アンテナを布設し，放送波に割込み送信することにより，道路利用者のカーラジオへ管制室から情報の伝達や避難誘導を行うためのもの．
拡声放送設備	火災発生時，車両から離れた道路利用者等に対して，スピーカから適切な情報を提供するためのもの．
監視用テレビ装置	火災の規模や位置の確認および水噴霧設備動作確認，避難誘導を行うトンネル内および坑口の状況を把握するためのもの．平常時はサイクリック切替による交通流の監視を行い，火災検知器や非常電話使用時にはモニタ画面が自動的に連動し，当該区画のCCTV映像を固定する機能を有している．
無停電電源設備	停電時でも停電直後から10分間，無瞬断で電源供給を行い，非常用施設の機能を維持するためのもの． なお，非常用予備発電設備が起動してから定格運転するまでを補完する役割を持つ．
非常用予備発電設備	停電時電源供給を行い，非常用施設の機能を維持するためのもの． 停電時直後から非常用予備発電設備が安定状態に入るまでの間は，無停電電源設備より電源供給する．
緊急車出入口	高速道路の出入口の設置間隔が長いため，緊急車両が出入口以外の地上から直接高速道路内に進入するためのもの．
Uターン路	主に緊急車の転回等に使用するためのもの．必要に応じて設置している．
トンネル照明設備	明るい屋外から暗いトンネル内に入るときに，安全かつ快適に走行できるようするためのもの．火災発生時には，全点灯し道路利用者の避難を支援する．なお，停電時においても必要最小限の非常照明として使用できる．
CO計設備	トンネル内で渋滞が長時間発生した場合に起こる一酸化炭素中毒による影響を防ぎ，道路利用者等へ適切な環境を維持するための濃度を計測するもの．
VI計設備	トンネル内の視環境悪化の原因となる煤煙濃度を，光の透過率で計測するもの．

10.3.3　都市内長大トンネルにおける非常用施設の種類

　都市内長大トンネルにおいては，トンネル内に存在する車両が多くなるため，火災発生時における迅速な避難と被害の拡大防止がより重要であり，適切な非常用施設の設置が不可欠である．首都高速道路では，必要に応じて**第 10.6 表**に示す都市内長大トンネル付加設備を設置している．

第 10.6 表　都市内長大トンネル付加設備一覧

設備名称	設備概要
非常口強調灯	非常口の位置を目立たせるためもの．高輝度 LED 回転灯を非常口の上部，左右部の 3 箇所に設置している．
避難連絡抗	トンネル本線と並行する避難通路または併設されたトンネル本線相互を結ぶ，避難用に供するもの．
独立避難通路	トンネルが縦並びなど，反対側のトンネルへの避難が困難な区間に設置されているもの．
一時滞留所	非常口から地上までの避難通路が 2［km］を超える場合に，一時的な休憩を目的に設置される．
避難通路内カメラ	避難通路内の避難状況を把握するためもの．非常口付近や一時滞留所に設置されている．
避難通路内連絡用電話	避難通路内の避難者が管制室と連絡をとるためもの．
避難通路内加圧送風機	火災発生時の煙，熱気流などが避難通路内に侵入しないようにするためのもの．
避難通路内案内板	避難者に分かりやすく避難経路を示すためのもの．地上出口の方向，出口までの距離などを示し，連続的に設置している．
トンネル異常事象検出装置	都市内長大トンネルにおける人手によるモニタ監視は非常に困難なため，CCTV 映像を画像処理し，事故，故障車などの交通流の妨げになる交通異常を自動的に発見するためのもの．同装置により管制業務の負荷軽減を実現している．
遮断機	火災発生時，被害の拡大を防止するため，トンネル内への車両進入を防止するためのもの．トンネル坑口手前に設置している．

10.4　トンネル防災システムの運用

　トンネル防災システムは，トンネル内での火災発生時に各設備を連携して動作させ，避難行動，消火活動を支援し，トンネル内の道路利用者の安全を確保するものである．

10.4.1　トンネル火災時の運用

　トンネル火災時の運用フローを第 10.5 図に示す．火災検知，火災判定，初期制御，火災消火，火災復旧の主な流れで，消防当局への通報ならびに消防隊への支援を連携し行う．

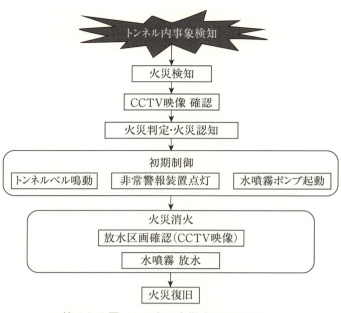

第 10.5 図　トンネル火災時の運用フロー

(1)　火災検知

火災検知とは，トンネル防災システムが火災が発生した可能性がある事象を検知することをいう．

火災検知には，火災検知器等によって自動的に検出する方法（オンライン火災検知）と，パトロール車，道路利用者による非常電話，押ボタン式通報装置からの通報で管制室へ連絡する方法（オフライン火災検知）の2種類の方法がある．

(2)　火災判定

火災判定とは，火災検知した事象が実際に火災が発生している事象であるかを判定することをいう．

火災判定は，管制室からCCTV映像でトンネル内状況を監視し，火災であるか否かを確認する（押ボタン式通報装置の場合は火災以外の事故/故障通報の場合もあり得る）．管制室で火災を確認した場合には「火災認知」入力を行い，火災モードでシステムが動作するように指令する．また，交通事故と判定した場合は「事故」入力を行い，検出情報が事故による通報であったことを記録する．

(3)　初期制御

初期制御とは，火災認知を行ったと同時に避難や消火に必要な設備を起動するために制御することをいう．

システムは「火災認知」入力と同時にトンネルベル鳴動，非常警報装置点灯，水噴霧ポンプ起動などの基本的な設備に対して制御信号を出力する．

(4)　火災消火

火災消火とは，火災の消火のために必要な制御を行うことをいう．

142　　　　　　　　　　　　　　　　　　　　　　　　　　　　第10章　トンネル防災システム

管制室ではCCTV映像の現場の状況から放水区画を確認し，必要に応じて水噴霧放水制御を行う．本段階は消防隊との協力が重要であり，消防隊の指示による運用を行う．

(5) 火災復旧

火災復旧とは，消防隊が火災鎮火と判断した場合に，制御（運転）設備を元の監視状態に復旧させることをいう．

10.4.2 都市内長大トンネルの防災安全対策[3]

都市内長大トンネルにおける防災安全対策は，交通量の多いトンネル内での火災発生を想定し，交通管理体制の強化を含む交通運用・情報提供の充実など総合的な対策をとる必要があることが大きな特徴である．火災発生時には，トンネル全線通行止めを発災側トンネル，非発災側トンネルの両方向で行い，被害の拡大を防ぐ．

(1) 早期の火災検知

火災の検知・認知・判定は，火災発生時対応の初動であり，初期火災への対応，利用者の早期避難や消火活動に大きく影響する．このため，従来の収集設備に加え，トンネル異常事象検出装置により，CCTV映像を画像処理し，トンネル内の交通状況の異常状態（車両の停止・低速・渋滞・避走）を判定し，管制員に伝えるシステムを導入している．このシステムにより車両接触などの火災発生を引き起こす事故をいち早く把握し，初動体制の強化を図っている．第10.6図に早期の火災検知フローを示す．

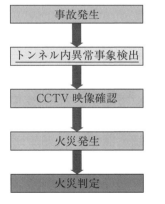

CCTVの映像を処理し，異常事象を検出

第10.6図　早期の火災検知フロー

(2) 的確な中央処理

トンネル異常事象検出装置などによって収集した火災発生情報をもとに，火災判定された区域ごとに事前登録された非常警報装置，ラジオ再放送，拡声放送設備など情報提供機器を交通管制システムの管制卓操作により自動的に制御する．トンネル防災システムの防災卓より行っていた情報提

供機器の制御を交通管制システムの管制卓から作業分担して行うことで，火災判定までの時間を短縮している．第10.7図に自動連動の概要を示す．

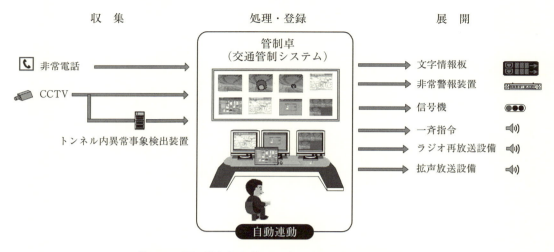

第10.7図　情報提供機器の自動連動（首都高速道路）

（3）　迅速な情報提供

火災の発生情報を道路利用者に迅速に伝えることで，トンネル内に侵入する車両を抑止および阻止し，二次災害の防止ができる．そのため，坑口に非常警報装置，信号機の他にトンネル坑口フラッシングおよび遮断機を設置している．この坑口フラッシングによりトンネル坑口部を赤く点滅させ，緊急性を強調することで，停止誘導効果を高めている．第10.8図にイメージを示す．

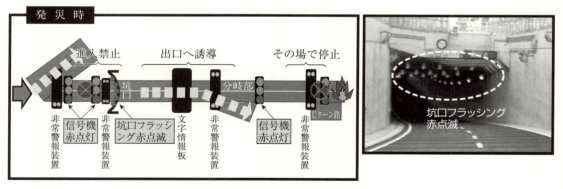

第10.8図　非常警報装置・信号機および坑口フラッシング

（4）　パトロールの強化

従来からパトロールカーによる巡回を実施しているが，より機動性が高い自動二輪車によるパトロール隊（通称：バイク隊）を導入し，迅速な対応を可能にしている（第10.9図）．

第10.9図　バイク隊の導入

(5) 迅速かつ確実な避難誘導

トンネル内の情報板やラジオ再放送による車内ラジオへの緊急割り込み放送により，車両を停車させ避難者を車外へ誘導し，非常口へと向かわせる．この際，遠くからでも非常口を視認できるよう，位置を強調する非常口強調灯（火災発生時に点滅）を設置している．また，安全空間である避難通路に避難した人を地上出口まで誘導するため，日本語になじみのない外国人にも分かりやすいピクトグラムを用いている．第10.10図にピクトグラム例を示す．

第10.10図　非常口強調灯および避難通路内ピクトグラム

10.5　まとめ

トンネルは閉鎖空間であることから，火災その他災害に対する防災対策には十分配慮する必要がある．火災発生時には，道路利用者に不安を抱かせないよう迅速な火災検知・火災認知および関係機関との連携が重要であり，二次災害を防止するための情報提供や，消火・救援活動を支援するトンネル非常用施設を適切に配置する必要がある．

トンネル防災システムは，トンネル火災事故の教訓をもとに防災安全対策を強化しており，今後も最新の知見を取り込みながら，システム構築を行っていくことが重要となる．

参考文献

(1) 「道路トンネル非常用施設設置基準・同解説」，日本道路協会（2001-10）
(2) 「トンネル非常用施設設計要領」，首都高速道路（2014-07）
(3) 首都高速道路株式会社保全・交通部管制技術グループ：「首都高中央環状線山手トンネルの防災安全対策」，道路新産業開発機構　道路行政セミナー（2010-06）

第11章 交通管制技術の歴史

11.1 概　要

　日本の有料道路における交通管制技術の研究開発は1960年代半ばに開始した．都市間高速道路では，1963年7月の名神高速道路開通を機に初めて交通管制を導入した．気象の急変や交通事故，故障車両など交通管理の円滑化のため，パトロールカーの運行や路側帯に非常電話を設置し，交通情報を収集した．一方，都市内高速道路では自動車保有台数の増加や，都市間高速道路との接続により都心部に交通が集中し，交通渋滞が恒常化した．そこで，交通状況を収集するため，車両感知器による情報収集と処理を開始した．都市間，都市内ともに1970年代に入り交通情報の収集，処理，提供の自動化に取り組み，現在の高度に自動化されたシステムへと発展し，安全性，利便性，交通公害の軽減に寄与している．

11.2　交通管制システムの歴史

11.2.1　交通管制技術

　高速道路における交通管制技術の開発は，それぞれの道路を管理する高速道路会社（当時は公団）ごとに独自に進められた．これは，都市間と都市内の高速道路ではそれぞれ特徴を有しているためである．都市間高速道路の特徴は，降雨，降雪，凍結，台風，海岸で発生する越波など季節や地域の差異である．都市内高速道路の特徴は，交通集中による渋滞が多いことである．特に都市内高速道路では，幅員が狭いために車線数が少ない場所や路肩が狭い場所が多く，交通事故や保守工事などによる車線規制により渋滞が発生しやすい．また，同じ都市内高速道路でも，都心環状線が首都高速道路では双方向通行であるのに対し，阪神高速道路，名古屋高速道路では一方通行であるように道路構造や線形の差異もある．本節では上記のうち複雑なネットワーク，都市内長大トンネルを有する首都高速道路における交通管制技術の歴史について記述する．

（1）　情報収集・処理

　1960年前半には高速道路の入出路配置計画等を作成することを目的に，都心の一般道主要地点で，ゴムホースによる空気の圧縮変動を利用した車両感知器を設置して交通データの収集，解析を

行っている．その後，高速道路上にループ式車両感知器を実験的に設置して，交通情報の収集とその精度検証を実施し，ループ式車両感知器が実用化の上で問題のないことを検証した．1967年7月の都心環状線の全線供用に伴い，環状線と放射道路網の合流部で恒常的に交通渋滞が発生したため，都心環状線側と放射道路網側にループ式車両感知器を設置して交通情報の収集を行った．そこで得られた交通情報をFDM通信方式でリアルタイムに収集し，1968年に導入したプログラム制御可能な処理装置（データロガーと呼ばれていた）を用いて，交通管制システムに関わるハードウェアや渋滞判定用ソフトウェアの開発等を目的として，交通情報の処理と解析を行った．

さらに，この処理装置に記憶装置を増設して，道路情報板の自動運用を目的としたソフトウェアの開発も実施した．

(2) 専門委員会の設立

交通管制技術を必要とする時代背景には，高度経済成長による自動車の普及，1959年5月に開催が決定した1964年10月の東京オリンピックなどがあり，都心部の交通渋滞解消は喫緊の課題とされた．こうした状況から，首都高速道路が交通工学研究会に業務委託をして，交通管制の自動化等の検討を目的とした産官学のメンバーを集めた専門委員会を1971年に発足させた．この専門委員会では，前項の処理装置の機能を評価し，運用手法等の検討を行った．ハードウェア関連では実時間対応の機能や運用の自動化，保守手法開発など，ソフトウェア関連では渋滞長の自動計算や旅行時間の算出など，当面必要な機能が検討された．また，都心環状線の分合流部で渋滞が発生すると放射道路網に大きな影響を与えることから，有効な渋滞回避ソフトウェアの開発が優先された．同時に将来の渋滞を予測するシミュレーション手法の開発も検討された．

この専門委員会の検討で得られた結論を報告書[1]としてとりまとめた．この報告書の内容に基づいて，ハードウェア，ソフトウェアの設計を具体化し，自動化を前提とした交通管制システムが1973年10月に完成し，運用を開始した．このシステムは，自動作成された交通情報を管制員がパトロールカー等から得られた情報を含めて総合的に判断，確認をし，情報提供されるものであった．

(3) システムの特徴

1973年における首都高速道路の総延長は107.8 [km][2]で，その後，年を追って延長された．路線延長の都度に交通管制システムのハードウェア，ソフトウェアの改造が必要なため，改造に要する停止時間を短くできるような機能が求められた．システムの運用開始当初は，都心環状線を中心に交通管制を行うシステムのみであったが，その後，湾岸線の供用で管制範囲が広くなったことにより，収集，提供の設備数が増加したため，東京地区を東京西地区，東京東地区に分けて，それぞれの地区で交通管制システムを構築して管制することとなった．また，1989年9月の横浜ベイブリッジ供用時に，それまで手動での運用を行っていた神奈川地区交通管制システムの自動化を実施した．その上で東京西地区，東京東地区，神奈川地区の交通管制システムをオンラインで結合し，1分周期，1分同期といったすべての地区のシステムで同一機能での運用・管理が行えるように改良した．その後も路線延長とコンピュータおよび通信技術の進展に合わせて改良が図られ，今日の交通管制システムに至っている．

11.2.2 情報収集技術

交通管制開始当初，各高速道路会社とも人手を介した方法で交通情報を収集し，必要に応じて道路情報板で道路利用者に情報を提供した．しかし，交通渋滞の恒常化による走行時間の損失や，交通事故，環境問題等社会的な損失と同時に，道路利用者からの提供情報の内容への苦情等から最適な交通情報提供に対して，さらなる正確性，迅速性が求められた．このため，高速道路上の車両検出技術の開発，さらには高精度化が求められた．

(1) 交通情報収集機器

首都高速道路における車両感知器としては当初，赤外線式，光学式，電波式，ループ式，後に超音波式（1965年ごろ）の研究開発を実施した．現在は，都市間高速道路ではループ式，都市内高速道路では超音波式が主流となっている．首都高速道路では，超音波センサを2個1組かつ道路空間の美観問題から，路上に設置するオーバーヘッド方式ではなく，路側に設置するサイドファイア方式を採用した．運用開始当初には，経験が無く，収集データに風雨や雪などによる不安定要素が存在した．その後，精度の向上と安定的なデータ収集のためのハードウェア，ソフトウェアの改良を行い，高精度な交通データを得ることが可能となった．これにより，超音波センサは設置，保守の簡便性から都市内高速道路で多用されるようになった．1990年代になると旅行時間の提供が重視され，AVIシステムを用いて，多地点間での旅行時間の計測を実施した．しかし，保守費用等の問題から，首都高速道路では超音波式車両感知器のデータから正確な所要時間の算出が可能であることを確認し，AVIシステムを2005年度に廃止した．

また，CCTVは管制員の監視業務だけでなく，画像解析技術の進展でトンネル内走行の安全，安心のためのトンネル内異常事象検出システムとしても運用されている．CCTVから得られる交通情報は，交通事故の形態，停止車両検出，積荷の落下やそれに伴う避走，車両や積荷の火災など多岐にわたるものとなった．特に都市内長大トンネルである山手トンネルではその効果が発揮されている．

(2) その他機器

安全に高速道路を利用してもらうために，高速道路沿道の気象情報や地震発災情報を収集する気象観測設備を設置している．都市間高速道路では雨雪量計，風向風速計，気温計，路温計等を走行上影響のある箇所に設置し，道路利用者に「横風注意」をはじめとする気象情報を提供している．

また，高速道路の適正な維持管理のために，通過車両の重量を計測する重量計測装置を設置している．重量計測装置は入路に設置し，総重量20トンを超える積載オーバの車両を検出し，路側に設置したCCTVで車両ナンバーと運転者を撮影記録して，過積載車対策の資料としている．この他にも，トンネル内には火災発生時の通報設備や遠隔操作による水噴霧設備が設置され，道路利用者の安心，安全を支えている．

(3) ICT・ITSによる情報収集機器

国土交通省では，双方向通信機能をもつETC2.0を使用して，高速道路，一般道の区別なく交通情報の高度化検討を行っている．一方，自動車会社では，GPS等を用いた車両の位置情報と車両

情報からなるプローブデータを収集し，渋滞地点回避や所要時間，経路情報など，道路利用者が必要とするタイムリーな交通情報を提供している．また，高速道路会社ではETC設置地点の通過交通データから2地点間，多地点間の所要時間の計測が可能であり，これが実用化できればより高度な交通情報の提供が可能となる．さらに，高速道路会社と自動車会社を含めた民間会社が協調すれば，収集した交通情報をビッグデータとして処理することにより，より重層的な交通情報作成が可能となる．具体例として，高速道路会社，警察と自動車会社が協力し，ブレーキが多用される地点を特定してガードレールの設置，レーンマークの変更等安全対策を実施している．

11.2.3　情報処理技術

　交通管制システムの運用開始当初，交通情報の収集，処理は自動的に行われ，提供は交通管制員の判断を介して手動で行われていた．しかし，変化する提供情報に管制員の制御が追い付かないといった手動制御の限界から，一刻も早い提供の自動化が求められた．また，首都高速道路の当初システムでは交通情報収集および情報提供周期を5分としていたため，交通状況の変化に提供情報が追い付かず，道路利用者からの苦情が寄せられた．特に渋滞情報については，提供情報と現地の交通実態との間に乖離があった．そこで，交通渋滞の地点ごとの解析を行い，ソフトウェア開発を実施した．これにより，自動化による交通情報提供を主とした交通管制が1980年代に完成した．

（1）　システムの開発

　1960年代に日本ではリアルタイム処理に適したコンピュータはなく，その技術は外国のメーカに依拠するしかなかった．しかし，外国機種の購入は外貨不足の関係等で困難であった．首都高速道路の1965年当初のシステムも日本のメーカによる処理装置で車両感知器データを処理していた．この処理装置は，メーカ独自の作りこみがなされており，これを使って交通量，速度，オキュパンシの計算処理を実施していた．

　しかし，収集した車両感知器のパルス信号をソフトウェアタイマでカウントしたために，処理速度が遅い処理装置では高速かつ車頭間隔の短い2台の車両を1台と判別してしまうなど，高い精度が得られなかった．これは車両感知器の交通データから交通情報を作成するシステムでは致命的な問題であり，現地での実測データと車両感知器のパルス信号の突き合わせによって確認された．その後，パルスカウントをハードウェアタイマで処理するシステムを開発し，問題の解決を図った．

　リアルタイム処理が可能なコンピュータは1965年に米国IBMの「IBM-1800」，1966年に米国GEの「GE/PAC-4020」が世に出ている．同時にOSも開発され，タイムシェアリング機能を有し，高速で多重処理ができるようになった．

　日本のメーカも外国とのライセンス契約で各社独自のリアルタイム機能を有したコンピュータを開発した．首都高速道路ではGEとの間にライセンス契約を結んで開発した東芝製の「TOSBAC-7000/25」を採用して，本格的な自動化システムの運用を1973年10月に開始した．

（2）　初期システムの問題

　1960年代のコンピュータは事務処理の汎用コンピュータ，生産業務用の工業用プロセスコンピュータに分類されていた．上記の東芝製コンピュータも工業用プロセスコンピュータで，1971

年当時は実績の少ないシステムで予期しない故障も多く，設置後，安定稼働まで2年程度を要した．ここで採用したコンピュータシステムは，シンプレックス構成のため，システムが故障するとオンライン業務全体が停止するため，業務遂行上問題があった．しかし，システム開発者によってハードウェアとソフトウェアの改良が進められ，設置後の2年間を除いて約10年間は安定稼働した．このシステムは，多様なプロセス入出力やメモリバックアップの機能を有するとともに，メモリスタックの一部に障害が発生すると自動的にメモリの再編成を行う革新的な機能を有し，メモリに起因する障害は皆無であった．なお，当時は磁気コアメモリが主流であった．

また，OSは，多重処理が可能で，交通管制のジョブ実行時に交通管制のソフトウェア開発やシミュレーションが実行でき，新規路線延伸時のアプリケーションソフトウェアの開発に役立つ機能であった．このシステム開発で得られた経験は，その後のデュプレックス構成など後継システムの開発に生かされることとなった．

初期システムの課題は，文字情報板に表示する漢字文字の変換が簡単ではなかった点である．CRT（Cathode Ray Tube）モニタ上に，表示する漢字文字ドットパターンを作成する手間のかかる作業が必要であった．しかし，その後に市場に出たワードプロセッサを導入することによって，その文字が直接使えることによって漢字文字作成作業が大幅に効率化された．

（3） 処理装置と装置間接続の標準化

1980年以降，コンピュータのCPU能力の向上，メモリ容量の増大，コンピュータの小型化，高機能化，汎用化，さらに通信の高速化，プロトコルの標準化は，交通管制システムの構築を容易なものにした．例えば，デュプレックスシステムもハードウェア，ソフトウェア（OS）ともに標準化され，故障時の切り替えなどもほとんど問題なく可能となった．また，メーカの異なる機種を接続する異機種間接続も標準化されたプロトコルで可能となった．収集装置と処理装置間，処理装置と提供装置間，提供装置と道路情報板等の端末装置間のインタフェースも標準化され，高い信頼性，運用性，保守性等のあるシステム構築が可能となった．

11.2.4 情報提供技術

道路利用者との接点である情報提供装置は重要な役割を持っている．提供方法で大別すると視覚系装置，聴覚系装置がある．また，提供タイミングでは，自宅等での出発前と車両移動中の走行中に大別される．情報提供システムは表示設備の技術，コンピュータ技術，通信技術の進展で多様な装置が開発され運用されている．

（1） 視覚系情報の技術

視覚情報である道路情報板は当初，ポリ塩化ビニールのフィルムに提供内容を印刷し，モータによる巻き取り方式で提供情報を表示した．その後，1970年代に入ると鉄製フレームに白熱電球を配列し，必要な文字を構成する白熱電球型の道路情報板が開発された．文字の表示は筐体内に置かれた磁気コアマトリックスに配線を施し，必要文字を表現していた．しかし，この方式では，文字の変更や追加のたびに道路情報板が設置されている現地に行き，配線を変更する必要があった．これを解決するために，筐体内に道路情報板に表示する文字パターンを記録するRAMを導入し，中

央の制御装置から必要に応じて書き換え可能な「センターローディング方式」を開発した．当時，RAM に対する信頼性が必ずしも高くはない中での採用であったが，運用上支障になる故障は無く，路線延長や入出路追加など場合の利便性や作業性の効率化が図れた．

しかし，白熱電球は寿命が短く1980年代に LED に置き換えた「電球置き換え型」が開発された．その後，LED の性能向上や素子のコスト低下で，多様な表示が可能な今日のような道路情報板に進化した．道路情報板も道路を模式化した図形情報板や，渋滞の末尾を表示する渋滞末尾情報板等が開発された．また，各高速道路会社は SA・PA に情報ターミナルを設置し，道路利用者が任意に所要時間や交通事故地点，工事箇所等必要とする道路交通情報を検索できるようになった．

(2) 聴覚系情報の技術

1990年代にハイウェイラジオが導入され，聴覚系情報の提供が可能になった．ハイウェイラジオは公安委員会も一般道路で採用して運用していることから，電波の混信による弊害が出たため，首都高速道路では2006年3月にその運用を停止した．一方，1995年ごろに一般加入者電話からアクセス可能なハイウェイテレフォンを導入した．これは，出発前に交通情報を得ることが可能で，その利便性は高かった．

また，トンネル内にラジオ放送局用アンテナを設置し，トンネル内走行中の車両に AM, FM ラジオ放送を送信するための漏洩同軸ケーブルを設置している．上記システムはラジオ再放送システムと呼ばれ，主に高速道路会社によって構築され，トンネル火災発生などの緊急事象発生時には，ラジオ放送に割込みをし，情報提供を行っている．その他，トンネル内には各携帯電話会社による不感知対策用の漏洩同軸ケーブルも設置されており，各携帯電話会社が高速道路会社と協議をして運用・管理をしている．

(3) ICT・ITS による情報提供

ICT や ITS の進展は交通情報提供の分野にも革新的な技術が供される時代となった．道路利用者の「いつでも・どこでも・瞬時に」のニーズの高まりから，移動通信機器への各種情報の提供が可能になった．例えば，ETC2.0 からカーナビを通して，交通渋滞や所要時間，気象状況，交通事故など広域な交通情報を得ることができる．また，自動車会社が収集するプローブデータやその他メディアから得られる各種情報を処理して，交通情報や迂回情報，宿泊情報などの情報がカーナビ以外のスマートフォン，タブレットなどを介して提供されている．これらの情報提供は，移動体通信の技術に負うところが大きい．しかし，カーナビ，タブレットなど移動通信機器の高度化に比べて，高速道路会社側の交通情報のコンテンツが道路利用者の期待する内容，水準に達しているとは言い難い．今後は高速道路会社，自動車会社が協同してビッグデータを活用した道路関連情報コンテンツ内容の多様化に期待したい．

11.3 ITS の歴史

(1) 日本の ITS の歴史

日本の ITS に関する研究開発は，1973年の CACS（自動車総合管制システム）と呼ばれる動的

情報提供設備の成り立ち

　情報提供系の成り立ちは，道路利用者に迅速かつ的確なタイミングで分かりやすい情報提供方法を開発し，実用化してきた歴史である．情報提供設備の一つである道路情報板の技術変遷（NEXCO（旧日本道路公団））を第1表に示す．

第1表　道路情報板の技術変遷（NEXCO（旧日本道路公団））

導入年代	1970～1980年			1990～2010年	2010年～
	電光式	字幕式	透光式	LED式	マルチカラーLED式
特長	文字等を点（電球）で構成し，その点灯により表示を行う．	文字等が印刷された表示幕を移動して表示を行う．夜間は内照する．（主に一般道に使用される）	文字等が透明に印刷された表示幕（黒地に抜き文字）を移動させ，内部照明を透光して表示を行う．（主に一般道に使用される）	文字等を点（LED素子）で構成し，その点灯により表示を行う．	文字等を点（LED素子）で構成し，その点灯により表示を行う．
写真					
発光方式	電球による自発光	蛍光灯による透過光（夜間のみ）	電球による透過光（常時）	LEDによる自発光	LEDによる自発光
視認性	昼夜間とも高い	昼間は低い	昼夜間とも高い	昼夜間とも高い	昼夜間とも高い
気象条件の影響	小	大	小	小	小
可変数	15可変以下	15可変以下	15可変以下	255，90可変	1023可変，無制限※
制御ブロック	6窓2段（上段左，上段右，下段）	1窓2段（上段，下段）	1窓2段（上段，下段）	4ブロック（地区1，地区2，原因，行為）	4ブロック（地区1，地区2，原因，行為），または無制限※
記憶方式	初期：ダイオードマトリックス方式 ICメモリ方式(PROM)			ICメモリ方式（E2-PROM）	ICメモリ方式（FLASH）
表示項目の追加・変更	ソフト（データ）変更による	表示幕の変更による	表示幕の変更による	ソフト（データ）変更による	ソフト（データ）変更による
色彩	1色（電球色）	多色（指定色）	2色（電球色・赤色）	3色（赤，黄緑，橙）	7色（赤，緑，青，白，シアン，橙，黄緑）
表示項目内容	文字	文字・図柄	文字	文字・図柄	文字・図柄
表示可変時間	小（瞬時）	大（1可変約10秒）	大（1可変約10秒）	小（瞬時）	小（瞬時）
通信方式	本線：実線定マーク式　$_6C_2\,_4C_2 \times 2$　一般道：時分割サイクリック方式　FS変調 50 bps　後期：HDLC 1200 bps			HDLC 2400 bps	TCP/IP 100 Mbps（100BASE-TX）
消費電力	多い（2.25 kVA 程度）	少ない（可変時，夜間時）	電光式よりやや多い	多い（2.0 kVA 程度）	少ない（0.5 kVA 程度）
保守性	電球の交換（玉切れ）が主体	表示幕，蛍光灯の交換のほか，モータなどの機械的な部分の保守が必要	表示幕，電球の交換のほか，モータなどの機械的な部分の保守が必要	LED素子が長寿命のため定期清掃のみ	LED素子が長寿命のため定期清掃のみ
維持費（LED式を1とした場合）	1.4	1.5	1.6	1	1

※ドットフリー制御方式の場合

11.2　交通管制システムの歴史

経路誘導システムの開発・試験から始まった．これは，道路の混雑状況を監視し，最も早く目的地に到着できるルートを車載器に表示するシステムであり，開発・試験当時では画期的なシステムであった．

その後，第11.1図に示すように建設省（現国土交通省）のRACS（路車間情報システム），通商産業省（現経済産業省）のSSVS（高知能自動車交通システム），運輸省（現国土交通省）のASV（先進安全自動車），警察庁のAMTICS（新自動車交通情報通信システム），UTMS（新交通管理システム）など多くの研究が行われた．

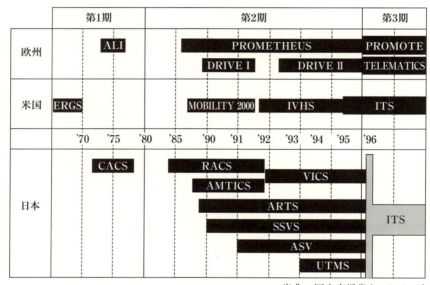

出典：国土交通省ホームページ

第11.1図　日米欧のITS開発年表[3]

次に，第11.2図に日本のITSの歩みを示す．1996年7月に，国によるITS推進の指針として，「高度道路交通システム（ITS）推進に関する全体構想（ITS全体構想）」が策定された．これにより，ITS開発9分野，21の利用者サービスが設定され，産官学民の共同による国家プロジェクトとしてITSが推進されるようになった．ファースト・ステージは，基本計画の整備，個別分野の技術開発や普及・実用化が推進された．具体的には，カーナビ，VICS，ETCが実用化され，ASVを含めたITSの要素技術の研究開発がITS全体構想に沿って推進された．セカンド・ステージは，産官学の関係者がこれまでの成果を評価し，セカンド・ステージの方向性を「ITSの指針」として取りまとめ，ファースト・ステージの研究成果をどのように普及・実用化するのかという方法やファースト・ステージで残された課題の継続検討が行われた．「ITSの指針」は，2006年1月に「IT新改革戦略」に反映され，ITSは安全・環境・利便達成に貢献する技術として位置づけられた．

また，世界3地域（欧州，アジア・太平洋，アメリカ）を代表するITS団体が連携して，毎年共同で開催するITSに関する世界会議として，第1回ITS世界会議が1994年にパリにて開催された．その後，欧州，アジア・太平洋，北米を持ち回りで毎年開催され，日本においても1995年11月の第2回ITS世界会議（横浜），2004年10月の第11回ITS世界会議（名古屋），2013年10月の第20回ITS世界会議（東京）が開催された．

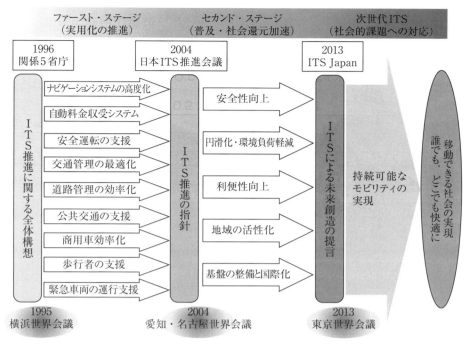

出典：ITS Japan の活動概要（ITS Japan）

第 11.2 図　日米欧の ITS のあゆみ[4]

日本における ITS の普及・促進と 1995 年に横浜で開催された第 2 回 ITS 世界会議の開催準備のため，VERTIS（道路・交通・車両インテリジェント化推進協議会：現 ITS Japan）が設立された．

(2) 世界の ITS の歴史

(a) 米国

米国における ITS に関する研究開発は，1967 年に ITS 関連の研究開発の原点と位置づけられる ERGS（電子経路案内システム）から開始された．ERGS は道路案内標識の表示内容を電波を使って車両へ送信し，車載ディスプレイに表示するシステムであったが 1970 年に開発が中止された．その後，1988 年に MOBILITY 2000（非公式スタディチーム）が組織され，新たな取組みが始まった．このような動きを本格化するものとして，1990 年に IVHS アメリカ（現 ITS America）が設立された．さらに，1991 年に ISTEA（総合陸上輸送効率化法）が成立し，ITS が道路交通政策の中心的な一つのプロジェクトとして位置づけられた．1992 年には IVHS アメリカから IVHS 戦略計画が策定され，また 1995 年には連邦 DOT（連邦運輸省）と ITS America から全米 ITS プログラムプラン（NATIONAL ITS PROGRAM PLAN）が策定された．これにより，ITS 導入に関する総合的な計画資料が提供された．

(b) 欧州

欧州における ITS に関する研究開発は，1976 年のドイツのダイムラー・ベンツ社（現ダイムラー社）による ALI（経路案内システム）の研究開発から始まった．その後，1986 年に PROMETHEUS（欧州高効率・高安全交通プログラム）が，1989 年に EC 委員会（当時）の DRIVE（欧州交通安全施設）

が開始された.

　インフラや他車両との協調システムは，2003年ごろから本格的に開発が始まり，自動車単体のアクティブセーフティを目指す PReVENT，IR（赤外線）による協調システムで安全サービスを目指す SAFESPOT，DSRC を活用した効率サービスを目指す CVIS などがある.

　欧州における ITS の推進体制は，ISO/TC204 に先立って，CEN/TC278 が 1990 年に発足し，ITS 関連標準を策定している．また，ERTICO（ITS Europe）が 1991 年に官民の参加により設立され，欧州における ITS の推進機関となった．

11.4　交通管制システム・ITS 年表

日本における交通管制システムおよび ITS の年表を第 11.1 表に示す．

参考文献

(1) 「首都高速道路の交通管制システムに関する基本設計」，首都高速道路公団（1971）
(2) 「首都高速道路公団史」，首都高速道路公団（2005-09）
(3) 国土交通省：「ITS 全体構想」，http://www.mlit.go.jp/road/ITS/j-html/5Ministries/（2015-05）
(4) 「ITS Japan の活動概要」，ITS Japan（2015-10）

第11.1表 交通管制システム・ITS年表（参考）

年代	交通管制システム	ITS	道路交通を中心とした社会情勢
1950年代	・日本道路公団設立（1956-04） ・首都高速道路公団設立（1959-06）		・全日本自動車ショウ（現東京モーターショー）初開催（1954-04） ・横浜市・名古屋市・京都市・大阪市・神戸市が日本初の政令指定都市となる（1956-09） ・年間交通事故件数10万件突破（1956） ・関門国道トンネル開通（1958-03） ・東京タワー開業（1958-12） ・個人タクシー営業開始（1959-12） ・年間交通事故死亡者1万人突破（1959）
1960年代	・警視庁交通管制センター導入（1961-06） ・阪神高速道路公団設立（1962-05） ・交通管制実験システム導入（首都高速道路）（1969-03）	・財団法人自動車高速試験場設立（1961-10） ・財団法人日本自動車研究所（JARI）設立（1969-04）	・カラーテレビ本放送開始（1960-09） ・京葉道路が日本初の自動車専用道路に指定される（1961-08） ・日本初の都市内高速道路として、首都高速道路（京橋～芝浦）開通（1962-12） ・日本初の都市間高速道路として、名神高速道路（栗東IC～尼崎IC）開通（1963-07） ・年間交通事故件数50万件突破（1963） ・東海道新幹線開業（1964-10） ・東京オリンピック開催（1964-10）
1970年代	・財団法人日本道路交通情報センター（JARTIC）設立（1970-01） ・交通管制システム初期システム導入（阪神高速道路）（1970-05） ・本州四国連絡橋公団設立（1970-07） ・名古屋高速道路公社設立（1970-09） ・交通管制システム導入（首都高速道路）（1970-10） ・福岡北九州高速道路公社設立（1971-11） ・交通管制システム「システム48」－情報提供の自動化－導入（首都高速道路）（1973-10） ・交通管制システムII期システム導入（阪神高速道路）（1979-04） ・交通管制システム第1次システム導入（名古屋高速道路）（1979）	・CACS（自動車総合管制システム）の取り組み開始（1973）	・日本万国博覧会（大阪万博）開幕（1970-03） ・年間交通事故死亡者史上最大の16,765人を記録（1970） ・札幌オリンピック開催（1972-02） ・乗用車保有台数1000万台突破（1972） ・第1次オイルショック（1973） ・山陽新幹線全線開業（1975-03） ・新東京国際空港（現成田国際空港）開港（1978-05） ・東名高速道路日本坂トンネル火災事故発生（1979-07） ・乗用車保有台数2000万台突破（1979） ・第2次オイルショック（1979）

11.4 交通管制システム・ITS年表

年代	交通管制システム	ITS	道路交通を中心とした社会情勢
1980年代	・交通管制システム「システム55」－迅速、的確な情報提供を目ざす新方式によるシステム－導入（首都高速道路）（1980-02） ・交通管制システム「システム60」導入（首都高速道路）（1985-12） ・交通管制システム「システム89」導入（首都高速道路）（1989-09） ・交通管制システム第2次システム導入（名古屋高速道路）（1989）	・財団法人道路新産業開発機構（HIDO）設立（1984-07） ・RACS（路車間情報システム）の取り組み開始（1984-10） ・AMTICS（新自動車交通情報通信システム）の取り組み開始（1987） ・財団法人日本デジタル道路地図協会（DRM協会）設立（1988-08） ・ARTS（次世代道路交通システム）の取り組み開始（1989）	・東北新幹線開業（1982-06） ・上越新幹線開業（1982-11） ・東京ディズニーランド開園（1983-04） ・日本国有鉄道分割・民営化（1987-04） ・消費税導入（3%）（1989-04） ・乗用車保有台数3000万台突破（1989）
1990年代	・交通管制システム第Ⅲ期システム導入（阪神高速道路）（1990-04） ・交通管制システム「システム92」導入（首都高速道路）（1992-03） ・広島高速道路公社設立（1997-06） ・交通管制システム「システム97」導入（首都高速道路）（1997-09） ・交通管制システム第3次システム導入（名古屋高速道路）（1997）	・「道路交通情報通信システム連絡協議会（VICS連絡協議会）」発足（1990-03） ・SSVS（高知能自動車交通システム）の取り組み開始（1990） ・「VICS推進協議会」発足（1991-10） ・RACSとAMTICSがVICSに体系化（1991-10） ・ASV（先進安全自動車）第1期（技術的可能性の検討）の取り組み開始（1991） ・ITSに関する5省庁連絡会議（1993-07） ・VICS公開デモ実験（1993-11） ・UTMS（新交通管理システム）の取り組み開始（1993） ・道路・交通・車両インテリジェント化推進協議会（VERTIS）設立（1994-01） ・第1回ITS世界会議（パリ）開催（1994-11） ・財団法人道路交通情報通信システムセンター（VICSセンター）設立（1995-07） ・「道路・交通・車両分野における情報化実施方針」策定（1995-08） ・第2回ITS世界会議（横浜）開催（1995-11） ・VICS本格運用開始（1996-04） ・技術研究組合走行支援道路システム開発機構（AHS研究組合）設立（1996-09）	・山形新幹線開業（1992-07） ・東京サミット開催（1993-07） ・関西国際空港開港（1994-09） ・乗用車保有台数4000万台突破（1994） ・阪神淡路大震災発生（1995-01） ・九州自動車道全線開通により、青森県～鹿児島県まで高速道路網が結ばれる（1995-07） ・秋田新幹線開業（1997-03） ・消費税5%へ引き上げ（1997-04） ・北陸新幹線（東京～長野）開業（1997-10） ・長野オリンピック開催（1998-02）

第11章 交通管制技術の歴史

年代	交通管制システム	ITS	道路交通を中心とした社会情勢
2000年代	・交通管制システム「システム01」導入（首都高速道路）(2001-09) ・交通管制システム第IV期システム導入（阪神高速道路）(2003-05) ・道路関係四公団民営化 (2005-10) ・交通管制システム「システム05」導入（首都高速道路）(2006) ・交通管制システム「AISS'09」導入（首都高速道路）(2009-11)	・第3回ITS世界会議（オーランド）開催 (1996-10) ・「ITS推進に関する全体構想」策定 (1996-07) ・ASV（先進安全自動車）第2期（実用化のための研究開発）の取り組み開始 (1996) ・第4回ITS世界会議（ベルリン）開催 (1997-10) ・第5回ITS世界会議（ソウル）開催 (1998-10) ・財団法人道路システム高度化推進機構（ORSE）設立 (1999-09) ・第6回ITS世界会議（トロント）開催 (1999-11) ・ETC試行運用 (2000-04) ・第7回ITS世界会議（トリノ）開催 (2000-11) ・「e-Japan戦略」策定 (2001-01) ・ETC本格運用開始 (2001-03) ・VERTISがITS Japanへ名称変更 (2001-06) ・第8回ITS世界会議（シドニー）開催 (2001-09) ・ASV（先進安全自動車）第3期（普及促進のための検討、新たな技術開発）の取り組み開始 (2001-04) ・第9回ITS世界会議（シカゴ）開催 (2002-10) ・「e-Japan戦略II」策定 (2003-07) ・第10回ITS世界会議（マドリッド）開催 (2003-11) ・第11回ITS世界会議（名古屋）開催 (2004-10) ・スマートIC社会実験開始 (2004-10) ・第12回ITS世界会議（サンフランシスコ）開催 (2005-11) ・「IT新改革戦略」策定 (2006-01) ・第13回ITS世界会議（ロンドン）開催 (2006-10) ・スマートIC本格運用開始 (2006-10) ・ASV（先進安全自動車）第4期（本格的な普及促進、通信を利用した安全システムの一部実用化）の取り組み開始 (2006) ・第14回ITS世界会議（北京）開催 (2007-10) ・スマートウェイ2007デモ開催 (2007-10)	・九州・沖縄サミット開催 (2000-07) ・乗用車保有台数5000万台突破 (2000) ・ユニバーサル・スタジオ・ジャパン開園 (2001-03) ・日韓サッカーワールドカップ開催 (2002-05) ・「道路関係四公団民営化推進委員会設置法」施行 (2002-06) ・日本郵政公社発足 (2003-04) ・ETCセットアップ累計台数100万台突破 (2003-06) ・「道路関係四公団民営化関係4法」公布 (2004-06) ・新潟県中越地震発生 (2004-10) ・年間交通事故件数史上最大の952,709件を記録 (2004) ・中部国際空港開港 (2005-02) ・「スマートウェイ推進会議」が「スマートウェイ社会」の構築に向けた提言 (2005-08) ・新潟県中越沖地震発生 (2007-07) ・北海道洞爺湖サミット開催 (2008-07) ・高速道路休日上限1000円開始 (2009-03) ・年間交通事故死亡者が57年ぶりに5,000人を下回る (2009)

11.4 交通管制システム・ITS 年表

年代	交通管制システム	ITS	道路交通を中心とした社会情勢
2010年代	・交通管制システム第4次システム導入（名古屋高速道路）(2010-07) ・交通管制システム「AISS'13」導入（首都高速道路）(2013-11)	・一般社団法人ITSサービス推進機構（ISPA）設立 (2008-06) ・第15回ITS世界会議（ニューヨーク）開催 (2008-11) ・第16回ITS世界会議（ストックホルム）開催 (2009-09) ・ITSスポットサービス本格運用開始 (2010-03) ・技術研究組合走行支援道路システム開発機構（AHS研究組合）解散 (2010-03) ・第17回ITS世界会議（釜山）開催 (2010-10) ・第18回ITS世界会議（オーランド）開催 (2011-10) ・ASV（先進安全自動車）第5期（飛躍的高度化の実現）の取り組み開始 (2011) ・第19回ITS世界会議（ウィーン）開催 (2012-10) ・第20回ITS世界会議（東京）開催 (2013-10) ・道路システム高度化推進機構（ORSE）,ITSサービス推進機構（ISPA）が合併し、一般財団法人ITSサービス高度化機構（ITS-TEA）設立 (2014-09) ・ETC2.0サービス概要を発表 (2014-10) ・第21回ITS世界会議（デトロイト）開催 (2014-09) ・第22回ITS世界会議（ボルドー）開催 (2015-10) ・第23回ITS世界会議（メルボルン）開催 (2016-10)	・茨城空港開港 (2010-03) ・東日本大震災発生 (2011-03) ・九州新幹線全線開業 (2011-03) ・高速道路休日上限1000円終了 (2011-06) ・首都高速道路，阪神高速道路距離別料金制へ移行 (2012-01) ・関越自動車道高速バス居眠り運転事故発生 (2012-04) ・東京スカイツリー開業 (2012-05) ・中央自動車道笹子トンネル天井板落下事故発生 (2012-12) ・消費税8%へ引き上げ (2014-04) ・北陸新幹線（長野～金沢）開業 (2015-03) ・北海道新幹線（新青森～新函館北斗）開業 (2016-03) ・熊本地震発生 (2016-04) ・伊勢志摩サミット開催 (2016-05)

編集後記

　高速道路交通管制技術ハンドブックを 2005 年に発行してから 10 年が経過し，この間，道路関係四公団は民営化され，各高速道路会社は採算性の重視，経営の効率化，サービスレベルの向上など民間企業としての資質が求められるようになった．また，交通管制システムも運用開始から半世紀を超え成熟した技術となった．そこで，道路利用者ニーズに応じた多様なサービスの実現，サービスレベルの向上等を踏まえ，交通管制システムに関わる技術の進歩や ITS との関わりなどを見直し内容の改訂を行うこととした．将来，交通管制に関わる技術者を目指す若者にも理解しやすいものとするために，対象を大学生として最新の技術や社会情勢も加味した内容とした．

　交通管制システムは従来の技術に加え，高度化・高品質化する ICT を活用して日々進化している．収集系では，車両感知器はもとより今後は，ETC2.0 やテレマティクスで収集されるプローブ情報の利活用が予想される．処理系では，路線延伸や道路情報設備の技術革新によりシステムの拡充がされてきたが，システムの高信頼化のもとで，統合化システムとして再構築される方向にある．また，東日本大震災に代表される大きな災害発生時にも早期に運用再開が可能なディザスタ・リカバリを実現できるシステムの構築がされている．提供系では，高齢化や国際化に対応した公共性の高い情報提供や，いつでもどこでも情報提供可能なマルチメディア環境への対応が求められ，特に詳細な情報提供が可能な ETC2.0 を活用した技術が発展すると考えられる．今後は，路上設備がユニバーサルサービスとして"情報の気づき"を与える情報の起点となり，情報の用途やライフスタイルに応じて道路利用者が個人端末によって選択入手するスタイルになることが予想される．

　通信技術では，交通管制システムと連携した通信ネットワークの高速化，高信頼化に加え，インテリジェント化された自動車との通信として，車と車間の通信，車と路上設備間との通信形態も考えられ，DSRC や路上アクセスでの無線 LAN による路上の末端までを IP 化するネットワークインフラの整備が進められている．これらの技術を用いた様々な ITS 関連システムも検討され，交通管制との連携が図られることでより一層，安全性，円滑性，快適性の向上が期待される．

　また，これまでに蓄積した大規模なデータのビッグデータ解析により，様々な分野での活用が期待され，交通管制システムにおいても予測情報の提供などが可能であると考えられる．これにより道路交通の平準化がなされ，渋滞減少に伴う環境問題の改善に大きく貢献できると期待される．さらに，交通管制システムだけでなく，道路設備全体の維持管理にも ICT の活用が必要不可欠であり，センサから得られる情報やビッグデータ解析から老朽化をいち早く検知し，事故を未然に防ぐ予防保全も非常に重要である．

　最後に，本書の発行に際し，多方面にわたり快くご協力いただいた皆様ならびに関係機関に心より感謝申し上げます．

編集責任者　　草刈　利彦

索　引

アルファベット

ATIS ………………………………………… 119
AVI システム ……………………………… 97, 108

BS 計 ………………………………………… 45

CCTV ……………………………………… 1, 51, 129
CCTV モニタ表示部 ……………………… 127
CDT ………………………………………… 95
CO 計 ……………………………………… 140

DSRC ……………………………………… 111, 116
DSRC-SPF ………………………………… 117

ETC ………………………………………… 109
ETC2.0 ……………………………………… 116, 118

FS-TDM …………………………………… 95
FS 計 ……………………………………… 45

Greenberg のモデル ……………………… 16
Greenshields のモデル …………………… 15

HDLC ……………………………………… 95
HEROINE ………………………………… 22

ITS ………………………………………… 109, 152
ITS スポット ……………………………… 116

RFID ……………………………………… 108

SDN ………………………………………… 94
SOUND モデル …………………………… 20
SPF セキュリティプラットフォーム …… 117

TRANDMEX モデル ……………………… 21
TTS ………………………………………… 117

VICS ……………………………………… 1

VI 計 ……………………………………… 44

あ

アコーディオン現象 ……………………… 11

い

一斉指令 …………………………………… 129
イメージセンサ …………………………… 38
インプットアウトプット法 ……………… 20

う

雨雪量計 …………………………………… 42

え

映像情報表示部 …………………………… 127

お

オキュパンシ ……………………………… 13
押ボタン式通報装置 ……………………… 139
オフセット ………………………………… 25
オプティカルフロー ……………………… 104

か

拡声放送設備 ……………………………… 140
火災検知器 ………………………………… 139
画像センサ ………………………………… 38
可変式速度規制標識 ……………………… 78
監視用テレビ装置 ………………………… 140
管制卓 ……………………………………… 128
管理用無線 ………………………………… 128

き

気温計 ……………………………………… 41
気象観測計 ………………………………… 40
休憩施設混雑情報システム ……………… 101
休憩施設混雑情報板 ……………………… 73
給水栓 ……………………………………… 140
近赤外線式車両感知器 …………………… 37

く

空間オキュパンシ ……………………………… 14
空間微分方式 …………………………………… 40
空間平均速度 …………………………………… 10

け

系統制御方式 …………………………………… 26

こ

光学式車両感知器 ……………………………… 37
降水検知器 ……………………………………… 43
交通管制 ………………………………………… 123
交通管制システム ……………………………… 7
交通管制室 ……………………………………… 125
交通状況表示部 ………………………………… 126
交通信号制御 …………………………………… 25
交通密度 ………………………………………… 10
交通容量 …………………………………… 11, 15
交通流 …………………………………………… 9
交通流シミュレーション ……………………… 19
交通流理論 ……………………………………… 9
交通量 …………………………………………… 9
後方散乱方式視程計 …………………………… 45

さ

サイクリックデジタル伝送方式 ……………… 95
サイクル ………………………………………… 25
サイドファイア型 ……………………………… 37
サグ部 ……………………………………… 73, 99

し

時間オキュパンシ ……………………………… 13
時間差分方式 …………………………………… 40
時間平均速度 …………………………………… 10
地震計 …………………………………………… 49
視程計 …………………………………………… 44
遮断機 …………………………………………… 141
車頭間隔 ………………………………………… 12
車頭距離 ………………………………………… 12
車頭時間 …………………………………… 12, 15
ジャム密度 ……………………………………… 16
車両感知器 ……………………………………… 31
重交通 …………………………………………… 25
自由走行速度 …………………………………… 16
渋滞延伸速度 …………………………………… 100
渋滞度 …………………………………………… 61
渋滞判定 ………………………………………… 60
渋滞末尾情報板 …………………………… 99, 152
渋滞末尾表示システム ………………………… 99
渋滞予告板 ……………………………………… 73
重量計測装置 …………………………………… 149
消火器 …………………………………………… 139
消火設備 ………………………………………… 139
消火栓 …………………………………………… 139
情報ターミナル ………………………………… 83
所要時間 …………………………………… 14, 61
所要時間情報板 ………………………………… 72
処理系 …………………………………………… 55
信号機 …………………………………………… 139

す

図形情報板 ……………………………………… 72
スプリット ……………………………………… 25
スマートIC ……………………………………… 113

せ

積雪計 …………………………………………… 46
絶対オフセット ………………………………… 25
セルオートマトンモデル ……………………… 17
前方散乱方式視程計 …………………………… 45
占有率 …………………………………………… 13

そ

相対オフセット ………………………………… 25
速度 ……………………………………………… 10

た

断面交通量 ……………………………………… 9

ち

地点制御方式 …………………………………… 26
駐車誘導表示 …………………………………… 103
超音波式車両感知器 …………………………… 35
超音波式積雪深計 ……………………………… 46

つ

追従モデル ……………………………………… 16
通信ネットワーク系設備 ……………………… 88
通報・警報設備 ………………………………… 139

て

提供系 …………………………………………… 67
ディザスタ・リカバリ ………………………… 64
テキスト音声合成技術 ………………………… 117
テレマティクス ………………………………… 119

と

透過率計 44
道路情報板 71
道路トンネル非常用施設設置基準 137
都市間交通管制 66
都市内交通管制 66
都市内長大トンネル 140
突発事象検出システム 104
トンネル異常事象検出システム 105
トンネル警報板 72
トンネル照明設備 140
トンネル等級区分 137
トンネル非常用施設 137
トンネル防災システム 135

は

ハイウェイテレフォン 82
ハイウェイラジオ 80
排煙設備 139
背景差分方式 40
バックアップセンター 58, 64

ひ

ピクトグラム 83, 145
ビジュアル情報板 74
非常・異常事態イベント表示部 127
非常口強調灯 141
非常警報装置 139
非常電話 105, 139
非常用予備発電設備 140
避難通路内案内板 141
避難通路内加圧送風機 141
避難通路内カメラ 141
避難通路内連絡用電話 141
避難誘導設備 139

ふ

風向風速計 43
フェールセーフ 75
フリーフロー 114
フレーム間差分方式 39
フローレート 10

ほ

保守点検業務 131
ホットライン 130

ま

マクロモデル 15

み

ミクロモデル 15
水噴霧設備 140

む

無線通信補助設備 140
無停電電源設備 140

め

メインセンター 64
面制御方式 27

も

文字情報板 72

ゆ

誘導表示板 139

ら

ラジオ再放送設備 140

り

流出交通量 22
流体モデル 15
流入可能交通量 23
旅行時間 14
臨界速度 11, 16
臨界密度 11

る

ループ式車両感知器 33

れ

レーザ式積雪深計 47

ろ

ロードプライシング 109
路温計 42
路側設置式路面凍結検知センサ 48
路側放送 80

　　　　　　　　　　　　Ⓒ高速道路交通管制技術ハンドブック編集委員会　2017

高速道路交通管制技術ハンドブック　新版

　　　　　　　　2005年　9月15日　第1版第1刷発行
　　　　　　　　2017年　4月14日　第2版第1刷発行

　　　　　　　編　者　　高速道路交通管制技術ハ
　　　　　　　　　　　　ンドブック編集委員会
　　　　　　　発行者　　田　中　久　喜
　　　　　　　　　　発　行　所
　　　　　　　　　株式会社　電　気　書　院
　　　　　　　　ホームページ　www.denkishoin.co.jp
　　　　　　　　　　（振替口座　00190-5-18837）
　　　　　〒101-0051　東京都千代田区神田神保町1-3 ミヤタビル2F
　　　　　　　　電話(03)5259-9160／FAX(03)5259-9162

　　　　　　　印刷　株式会社シナノ パブリッシング プレス
　　　　　　　　　Printed in Japan／ISBN 978-4-485-66548-0

- 落丁・乱丁の際は、送料弊社負担にてお取り替えいたします．
- 正誤のお問合せにつきましては，書名・版刷を明記の上，編集部宛に郵送・FAX（03-5259-9162）いただくか，当社ホームページの「お問い合わせ」をご利用ください．電話での質問はお受けできません．

JCOPY 〈(社)出版者著作権管理機構　委託出版物〉

本書の無断複写（電子化含む）は著作権法上での例外を除き禁じられています．複写される場合は、そのつど事前に，(社)出版者著作権管理機構（電話：03-3513-6969，FAX：03-3513-6979，e-mail：info@jcopy.or.jp）の許諾を得てください．また本書を代行業者等の第三者に依頼してスキャンやデジタル化することは，たとえ個人や家庭内での利用であっても一切認められません．